U0173399

多平台融合结构分析与参数化设计关键技术及应用实例

张剑　刘畅　徐斌　著

中国建筑工业出版社

图书在版编目（CIP）数据

多平台融合结构分析与参数化设计关键技术及应用实
例 / 张剑，刘畅，徐斌著. — 北京：中国建筑工业出
版社，2023.11
ISBN 978-7-112-29343-8

Ⅰ.①多… Ⅱ.①张…②刘…③徐… Ⅲ.①建筑结
构-结构分析-计算机应用 Ⅳ.①TU311.41

中国国家版本馆 CIP 数据核字（2023）第 222283 号

本书介绍了采用 MATLAB 等计算机语言研发基于 AutoCAD 的 DWG 与 SCR 图形接口、结构参数化设计程序、曲面网格造型技术、单层曲面网壳分析与设计技术、基于风速谱的风时程模拟、基于混凝土塑性损伤模型梁单元的模拟、考虑高振型阻尼影响的弹塑性时程分析技术、多种软件之间接口程序等的理论要点、计算方法与编程技巧，同时介绍了与之相关的结构设计理念、要点及应用实例。

本书可供从事结构设计与研究及相关工作的人员应用参考，也可供其他相关专业的大专院校师生参考。

责任编辑：辛海丽
责任校对：赵　颖
校对整理：孙　莹

多平台融合结构分析与参数化设计关键技术及应用实例

张剑　刘畅　徐斌　著

*

中国建筑工业出版社出版、发行（北京海淀三里河路9号）
各地新华书店、建筑书店经销
北京科地亚盟排版公司制版
建工社（河北）印刷有限公司印刷

*

开本：787 毫米×1092 毫米　1/16　印张：18　字数：445 千字
2023 年 11 月第一版　　2023 年 11 月第一次印刷
定价：**68.00** 元
ISBN 978-7-112-29343-8
（41996）

前 言

结构设计的基本含义可表达为：在满足建筑功能及美观等要求的前提下，根据相关设计条件与结构分析和有关试验的结果，选择结构的构成、连接关系及其参数，控制结构的形成过程，以满足结构寿命周期内结构的适应性、安全性与经济性等要求。或者简单地说，结构设计的基本目标是适用性、安全性与经济性，其主要设计信息是设计条件及结构作用与效应关系等，其基本方法是概念设计、计算分析与设计表达。概念设计的主要内容是设定目标与拟定布置；计算分析的主要内容是确定参数和验证性能；设计表达的主要内容是采用数字化技术表达结构的构成、连接及其参数等。因此，结构分析与图形数字化表达仍然是现阶段结构设计的主要工作。

目前结构分析软件主要有 YJK、PKPM、STRAT、ETABS、MIDAS、ANSYS、ABAQUS 等；数字化图形表达软件主要有 AutoCAD、Rhino、REVIT 等。

面对复杂的结构设计项目，设计人员常常感到时间紧、任务急，若仅依赖上述软件的原始功能，则难以保质保量地完成结构设计任务。

基于上述原因，我们致力于多平台融合的结构分析与参数化设计关键技术的研发，采用 MATLAB 等计算机语言开发了基于 AutoCAD 的 DWG 与 SCR 图形接口函数，及多种软件之间的接口程序，创建了一系列计算方法、分析程序及结构参数化设计程序，不仅给 MATLAB 增加了基于 AutoCAD 的三维矢量图形系统，也增补了 AutoCAD、MIDAS Gen 及 ABAQUS 等软件的部分功能，而且还使得 AutoCAD、MIDAS Gen 及 ABAQUS 之间互联互通、相辅相成，实现了部分结构的参数化设计，形成了具有三维图形绘制、线性分析与非线性分析等功能增强的集成软件包，显著地提高了结构设计、计算分析及图形数字化表达的效率与精度，有力地支持了大跨度空间结构、超高层结构等复杂结构的设计。

本书中一些结构设计理念、分析方法、程序算法及编程技巧具有一定的理论与实用价值，可供结构设计人员及相关技术人员参考使用，也可供相关高等院校、大学专科师生参考。限于编者的知识和经验，书中难免有错漏及不妥之处，欢迎广大读者批评指正。

深圳大学建筑设计研究院有限公司
张剑

目　录

第1章

MATLAB与AutoCAD接口函数的研发

1.1　MATLAB 特点简介

MATLAB 是美国 MathWorks 公司出品的商业数学软件，它将数值分析、矩阵计算、科学数据可视化以及非线性动态系统的建模和仿真等诸多强大功能集成在一个易于使用的视窗环境中，为科学研究、工程设计以及必须进行数值计算的众多科学领域提供了一种全面的解决方案。MATLAB 是一种解释性语言，具有交互式程序的特点，代表了当今国际科学计算软件的先进水平，称之为第四代计算机语言，特别适合工程技术计算与分析的需求。具体来说，它具有如下特点：

1）既支持单一命令操作，又支持程序运行。

2）以矩阵为基本数据结构，可高效处理大数据。

3）支持虚数和矢量的运算。

4）支持文本文件、多媒体文件、二进制文件、Excel 文件（.xls）等文件类型的操作。

5）支持人机交互、文件通信、网络操作。

6）支持符号运算、图像处理。

7）具有大量高效的各类子程序。

8）支持单目标与多目标优化及神经网络计算等先进技术。

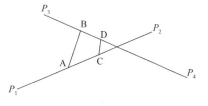

图 1.1-1　异面直线的距离

9）功能强大但简单易学。

通过下面的一个例子可看出 MATLAB 的一些精妙之处。如求空间管道或杆件中线之间的最短距离，即求如图 1.1-1 所示异面直线之间的距离 DC。

MATLAB 中，假定直线端点坐标如下：

p1＝[2216.9810，－2145.3649，0.0]；

p2＝[4583.6064，－990.1531，－500.0]；

p3＝[2839.2403，－789.6898，0.0]；

p4＝[4964.4426，－2328.8397，0.0]；

则 r12＝p2－p1；r34＝p4－p3；r13＝p3－p1；

　　r＝cross(r12,r34)；rn＝r/norm(r)；

异面直线的距离 DC＝abs(dot(r13,rn))，即其距离为矢量 r13 在矢量 rn 上的投影长度。上式中：cross(r12,r34) 为两个矢量的叉积，其方向同时垂直于 r12 与 r34 两个矢量；

dot(r12,r34) 为两个矢量的点积，其值为 norm(r12) * norm(r34) * cos(ang)，ang 为两直线的夹角。

由上可知，采用矢量运算求异面直线距离的算法极为简洁、优雅。

在 MATLAB 平台命令窗口里，上述过程演算如图 1.1-2 所示。

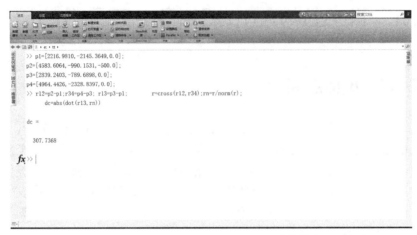

图 1.1-2　MATLAB 平台中求异面直线距离

另外，通过下列命令，容易求得两空间直线夹角 ang 的余弦 Cos_ang、正弦 Sin_ang 和正切 Tan_ang。

Cos_ang＝dot(r12,r34)/norm(r12)/norm(r34)；

Sin_ang＝norm(cross(r12,r34))/norm(r12)/norm(r34)；

Tan_ang＝norm(cross(r12,r34))/dot(r12,r34)；

上述命令中，norm( ) 为求矢量模的函数。

结合上述例子可以看出，MATLAB 的矢量运算可轻松解决传统方法难以解决的问题。

虽然 MATLAB 在数值与点阵图形等方面的功能较为强大，但并不直接支持矢量图形系统，而工程设计主要使用矢量图形，如 AutoCAD 的二维及三维图形，因此，MATLAB 与 AutoCAD 接口函数的研发具有较高的实用价值。

1.2　AutoCAD 特点简介

AutoCAD 是应用最为广泛的矢量图形平台，它对系统硬件条件要求低，易学易用，功能齐全，拥有众多用户，在中国几乎成了 CAD 的一个标准平台以及通用的工程设计信息存贮容器。另外，AutoCAD 具有充分的开放性，拥有许多可进行二次开发的工具，如 AutoLisp、ADS、ARX 等。

AutoCAD 矢量图形主要有 DWG、DXF、SAT、IGS 等文件存贮类型，最基本的文件类型为 DWG 文件，为二进制文件，存贮图元类型、节点坐标、图形特性等信息。此文件类型除 AutoCAD 外，其他软件也可打开，如 Rhino 等，但存储格式各版本不同，难以掌握；而新版 AutoCAD 可兼容老版本，甚至是最原始版本的 DWG 文件。DXF 是图形交换文件，为可读的文本文件，其信息量与 DWG 文件等效，可为较多软件所支持，如

MIDAS Gen、ABAQUS 等。SAT 为三维实体的存贮文件，为二进制文件，可供 ABAQUS 等读入，常用于实体网格划分；IGS 为三维图形的存贮文件，为二进制文件，也可供 ABAQUS 等读入，常用于曲面网格划分。

AutoLisp 为内嵌在 AutoCAD 中的一种解释性计算机语言，目的是提高用户绘图效率，同时便于进行复杂的图形处理。AutoLisp 不仅支持 AutoCAD 命令，而且支持对图形数据库的访问和修改，还可形成图形选择集，也支持各种函数及文本文件接口等操作。

SCR 文件为 AutoCAD 下可读的运行脚本文件，可直接在 AutoCAD 下运行，可支持 AutoCAD 全部命令及 AutoLisp 语句的操作，可视为 AutoCAD 的一个文本文件接口。

1.3　MATLAB 与 AutoCAD 的 DWG 接口函数

在分析和研究了早期 AutoCAD 软件中 DWG 文件格式的基础上，编制了 MATLAB 与 DWG 接口函数通过 MATLAB 语言可直接访问 DWG。

首先，编制了打开 DWG 函数；

```
%本程序 maopdwg.m 的功能:打开 DWG 文件。
function maopdwg(fo)
%建立以下全局变量
global fpi_g
global fpo_g
global tabaddr_g
global blkdaddr_g
global blkaddr_g
global layaddr_g
global styaddr_g
global ltyaddr_g
global viewaddr_g
global totsize_g
global entcnt_g
  fi='sword1.td';%以此文件为样板文件
  fpi_g=fopen(fi,'r');
  if fpi_g==-1
    fprintf('cannot open file:%s\n',fi);
   return
  end
  fpo_g=fopen(fo,'w');
   if fpo_g==-1
    fprintf('cannot open file:%s\n',fo);
    return
   end
%读入 fi 文件头部内容(索引节、标题节),并拷贝至 fo 文件头部。
t=fread(fpi_g,1310,'int8');
```

```
fwrite(fpo_g,t,'int8');
%读取全局变量的初值
fseek(fpi_g,24,-1);
tabaddr_g=fread(fpi_g,1,'long');
fseek(fpi_g,28,-1);
blkdaddr_g=fread(fpi_g,1,'long');
fseek(fpi_g,50,-1);
blkaddr_g=fread(fpi_g,1,'long');
fseek(fpi_g,60,-1);
layaddr_g=fread(fpi_g,1,'long');
fseek(fpi_g,70,-1);
styaddr_g=fread(fpi_g,1,'long');
fseek(fpi_g,80,-1);
ltyaddr_g=fread(fpi_g,1,'long');
fseek(fpi_g,90,-1);
viewaddr_g=fread(fpi_g,1,'long');
 totsize_g=10816;
entcnt_g=0;
```

其次，编制了通用访问函数；

```
%本程序 macomm.m 的功能：访问 DWG 相关数据。
function macomm(number,size,layer,attrib)
%建立以下全局变量
global fpi_g
global fpo_g
global tabaddr_g
global blkdaddr_g
global blkaddr_g
global layaddr_g
global styaddr_g
global ltyaddr_g
global viewaddr_g
global totsize_g
global entcnt_g
%图形模式编号、控制参数、规模参数、特性参数，共占 8 字节(8B)容量。
fwrite(fpo_g,number,'int16');
fwrite(fpo_g,size,'int16');
fwrite(fpo_g,layer,'int16');
fwrite(fpo_g,attrib,'int16');
%随时修改表的起始地址。
tabaddr_g=tabaddr_g+size;
blkdaddr_g=blkdaddr_g+size;
```

```
blkaddr_g=blkaddr_g+size;
layaddr_g=layaddr_g+size;
styaddr_g=styaddr_g+size;
ltyaddr_g=ltyaddr_g+size;
viewaddr_g=viewaddr_g+size;
totsize_g=totsize_g+size;
entcnt_g=entcnt_g+1;
```

再次，编制了关闭 DWG 函数。

```
%本程序 macldwg.m 的功能:关闭 DWG 文件。
function macldwg
%建立以下全局变量
global fpi_g
global fpo_g
global tabaddr_g
global blkdaddr_g
global blkaddr_g
global layaddr_g
global styaddr_g
global ltyaddr_g
global viewaddr_g
global totsize_g
global entcnt_g
%将 fi 文件的尾部(层表、字体表、视表、线型表、块表等)拷贝给 fo 尾部
fseek(fpi_g,1310,-1);
%修改文件头中部分内容
fseek(fpo_g,24,-1);
fwrite(fpo_g,tabaddr_g,'long');
fseek(fpo_g,28,-1);
fwrite(fpo_g,blkdaddr_g,'long');
fseek(fpo_g,50,-1);
fwrite(fpo_g,blkaddr_g,'long');
fseek(fpo_g,60,-1);
fwrite(fpo_g,layaddr_g,'long');
fseek(fpo_g,70,-1);
fwrite(fpo_g,styaddr_g,'long');
fseek(fpo_g,80,-1);
fwrite(fpo_g,ltyaddr_g,'long');
fseek(fpo_g,90,-1);
fwrite(fpo_g,viewaddr_g,'long');
fseek(fpo_g,36,-1);
fwrite(fpo_g,totsize_g,'long');
```

```
fseek(fpo_g,32,-1);
fwrite(fpo_g,entcnt_g,'long');
fclose(fpi_g);
fclose(fpo_g);
```

在上述基本操作函数的基础上，编制了主要图元的接口函数。其功能与相应源代码如下：

```
%本程序 mapoint.m 的功能:生成点。
function mapoint(layer, x, y, z)
global fpo_g
macomm(2,32,layer,0);
fwrite(fpo_g,x,'double');
fwrite(fpo_g,y,'double');
fwrite(fpo_g,z,'double');
```

```
%本程序 mapline.m 的功能:生成多义线。
function mapline(layer,wid,p2)
global fpo_g
macomm(-32749,24,layer,0);
wid1=wid;
fwrite(fpo_g,wid1,'double');
wid2=wid;
fwrite(fpo_g,wid2,'double');
macomm(20,24,layer,0);
fwrite(fpo_g,p2(1,1),'double');
fwrite(fpo_g,p2(1,2),'double');
macomm(20,24,layer,0);
fwrite(fpo_g,p2(2,1),'double');
fwrite(fpo_g,p2(2,2),'double');
ls=int32(1);
macomm(17,12,layer,0);
fwrite(fpo_g,ls,'long');
```

```
%本程序 maarc.m 的功能:生成圆弧。
function maarc(layer, x, y, z, r, sa,sb,th)
global fpo_g
macomm(3080,64,layer,0);
fwrite(fpo_g,z,'double');
fwrite(fpo_g,th,'double');
fwrite(fpo_g,x,'double');
fwrite(fpo_g,y,'double');
fwrite(fpo_g,r,'double');
sa=sa/(180/pi);
```

```
sb=sb/(180/pi);
fwrite(fpo_g,sa,'double');
fwrite(fpo_g,sb,'double');
```

%本程序 macircle.m 的功能：生成圆。
```
function macircle(layer, x, y, z, r, th)
global fpo_g
macomm(3075,48,layer,0);
fwrite(fpo_g,z,'double');
fwrite(fpo_g,th,'double');
fwrite(fpo_g,x,'double');
fwrite(fpo_g,y,'double');
fwrite(fpo_g,r,'double');
```

%本程序 ma3dline.m 的功能：生成直线。
```
function ma3dline(layer,th,p3)
globalfpo_g
macomm(2049,64,layer,0);
fwrite(fpo_g,th,'double');
%转置，按行排列
p3=p3';
fwrite(fpo_g,p3,'double');
```

%本程序 ma3dface.m 的功能：生成三维面。
```
function ma3dface(layer,p3)
global fpo_g
macomm(22,104,layer,0);
p3=p3'; %转置，按行排列
fwrite(fpo_g,p3,'double');
```

%本程序 mactext.m 的功能：生成文字。
```
function mactext(layer,x,y,ang,h,txt)
global fpo_g
%注意：在 MATLAB 中，单个英文字与汉字的字数均为 1，英文容量均为 1Byte，
%但汉字容量均为 2Byte；在 AutoCAD 中，单个英文字的字数为 1、容量为 Byte；
%单个汉字的字数为 2、容量为 2Byte。
asc=uint8(txt);
num=0;
for n=1:length(txt)
  if asc(n)>250
    dn=2;
  else
    dn=1;
```

7

```
  end
  num=num+dn;
end
k=42+num;
macomm(7,k,layer,1);
fwrite(fpo_g,x,'double');
fwrite(fpo_g,y,'double');
%fwrite(fpo_g,z,'double')
fwrite(fpo_g,h,'double');
fwrite(fpo_g,num,'int16');
%汉字自动为 2Byte=16bits,西文自动为 1Byte=8bits。
fwrite(fpo_g,txt,'char');
ang=ang/(180/pi);
fwrite(fpo_g,ang,'double');
```

　　基于上述接口函数，无需 AutoCAD 平台，采用 MATLAB 程序可直接形成二维图形、三维直线及三维面等的 DWG 图形文件，此技术不仅可用于参数化设计，还可用于快速形成结构具有网格划分的梁和壳等有限元分析的几何模型。

1.4　DWG 接口函数的应用实例

　　1) 问题描述

　　已知曲面的函数，生成相应曲面的 DWG 文件。

　　2) 处理过程

　　根据曲面相应的函数，输入相关数据，求出相应平面中各点对应的 Z 坐标，采用函数 ma3dface（layer，p3），形成 3dface 图元，即可得到函数相应的三维网格曲面。

　　3) 程序代码

　　txt2dwgex1.m 程序的源代码如下：

```
%绘制单螺旋莫比乌斯环的三维网格曲面
% initial
global fpi_g
global fpo_g

global tabaddr_g
global blkdaddr_g
global blkaddr_g
global layaddr_g
global styaddr_g
global ltyaddr_g
global viewaddr_g
global totsize_g
```

```
global entcnt_g

fo=input('请输入要生成的 DWG 文件名:[tt.dwg]','s');
  if size(fo)==[0 0];fo='tt.dwg';end;
  if(fopen(fo,'w')==-1)
     c=clock;
     str=int2str(c(6));
     fo=strcat(str,fo);
     maopdwg(fo);
  else
    maopdwg(fo);
  end

k1=input('请输入圆周方向节点个数:[181]');
if size(k1)==[0 0];k1=181;end;
k2=input('请输入高度方向节点的个数:[20]');
if size(k2)==[0 0];k2=20;end;
l0=input('请输入图层号:[-1 随机]');
if size(l0)==[0 0];l0=-1;end;
km=input('请输入图形放大倍数:[1]');
if size(km)==[0 0];km=1;end;

  u=linspace(0,2*pi,k1);%增量 du=(u2-u1)/(k1-1);
  v=linspace(-1,1,k2);

for n=1:length(v)-1
  for m=1:length(u)-1

   x0=(1+v(n)*cos(u(m)/2)/2)*cos(u(m));
   y0=(1+v(n)*cos(u(m)/2)/2)*sin(u(m));
   z0=v(n)*sin(u(m)/2)/2;

   x1=(1+v(n+1)*cos(u(m)/2)/2)*cos(u(m));
   y1=(1+v(n+1)*cos(u(m)/2)/2)*sin(u(m));
   z1=v(n+1)*sin(u(m)/2)/2;

   x2=(1+v(n+1)*cos(u(m+1)/2)/2)*cos(u(m+1));
   y2=(1+v(n+1)*cos(u(m+1)/2)/2)*sin(u(m+1));
   z2=v(n+1)*sin(u(m+1)/2)/2;

   x3=(1+v(n)*cos(u(m+1)/2)/2)*cos(u(m+1));
   y3=(1+v(n)*cos(u(m+1)/2)/2)*sin(u(m+1));
```

```
    z3=v(n)*sin(u(m+1)/2)/2;

%画第1个空间三角形
    p=[x0,y0,z0;
        x1,y1,z1;
        x2,y2,z2;
        x0,y0,z0];
    p=km*p;

    if l0==-1
        la=fix(rand(1)*99);
    else
        la=l0;
    end
    ma3dface(la,p);

%画第2个空间三角形
    p=[x0,y0,z0;
        x2,y2,z2;
        x3,y3,z3;
        x0,y0,z0];
    p=km*p;
    ma3dface(la,p);
    end
    end
    macldwg;
fprintf('\n Ok,%s 文件已经形成。\n',strcat(pwd,'\',fo));
fclose all
```

在 MATLAB 命令窗口运行 txt2dwgex1.m 后，可立即得到如下可在 AutoCAD 中打开的 DWG 文件（图 1.4-1）。

图 1.4-1　利用 DWG 接口函数绘制单螺旋莫比乌斯环的三维网格曲面

1. 5　MATLAB 与 AutoCAD 中含 AutoLisp 语句的 SCR 接口函数

在分析和研究了 AutoCAD 软件中 SCR 文件格式及 AutoLisp 语法的基础上，可形成 MATLAB 与 AutoCAD 中含 AutoLisp 语句的 SCR 接口函数，利用这些函数可直接产生 SCR 文件，包括 AutoCAD 命令及 AutoLisp 语句等，并直接形成二维图形、三维线面及三维实体，还可进行拉伸、放样、扫掠及布尔运算等操作，此技术同样支持参数化设计与分析建模等工作，其主要接口函数及其功能如下。

1. 5. 1　SCR 基本接口函数

```
function aucs(fod,m,pu) %定义局部坐标系的函数。
switch m
    case 'w'
      fprintf(fod,'ucs w\n');%指定世界坐标系
    case 'o'
      fprintf(fod,'ucs o\n');
      fprintf(fod,'%g,%g,%g\n',pu);%指定新的原点
    case 'za'
      fprintf(fod,'ucs za\n');
      fprintf(fod,'0,0,0\n'); %ZA 矢量的起点(当前坐标系)
      fprintf(fod,'%g,%g,%g\n',pu);%ZA 矢量的终点(当前坐标系)
end

function apoint(fod,la,th,p3) %生成点的函数。
fprintf(fod,'pdmode 2\n');
fprintf(fod,';;;POINT;;;\n');
fprintf(fod,'layer m %s\n',la);
fprintf(fod,'\n');
fprintf(fod,'thickness %g\n',th);
fprintf(fod,'point\n');
fprintf(fod,'%g,%g,%g\n',p3(1,:));

function aline(fod,la,th,p3) %生成线的函数。
fprintf(fod,';;;LINE;;;\n');
fprintf(fod,'layer m %s \n',la);
if th>0
  fprintf(fod,'thickness %g\n',th);
end
fprintf(fod,'line\n');
fprintf(fod,'%g,%g,%g\n',p3(1,:));
fprintf(fod,'%g,%g,%g\n',p3(2,:));
```

```
fprintf(fod,'\n');

function apline(fod,la,th,wid,p3) %生成多义线的函数。
fprintf(fod,';;;PLINE;;;\n');
fprintf(fod,'layer m %s \n',la);
fprintf(fod,'thickness %g\n',th);
fprintf(fod,'pline\n');
fprintf(fod,'%g,%g,%g\n',p3(1,:));
fprintf(fod,'w\n');
fprintf(fod,'%g\n',wid);
fprintf(fod,'%g\n',wid);
for i=2:length(p3(:,1))
fprintf(fod,'%g,%g\n',p3(i,1),p3(i,2));
end
fprintf(fod,'\n');

function acircle(fod,la,th,p3,r) %生成圆的函数。
fprintf(fod,';;;CIRCLE;;;\n')
fprintf(fod,'layer m %s\n',la)
fprintf(fod,'\n')
fprintf(fod,'thickness %g\n',th)
fprintf(fod,'circle\n')
fprintf(fod,'%g,%g,%g\n',p3(1),p3(2),p3(3))
fprintf(fod,'%g\n',r)

function a3dface(fod,la,p3) %生成三维面的函数。
fprintf(fod,';;;3DFACE;;;\n')
fprintf(fod,'layer m %s\n',la)
fprintf(fod,'\n')
fprintf(fod,'3dface\n')
fprintf(fod,'%g,%g,%g\n',p3(1,:))
fprintf(fod,'%g,%g,%g\n',p3(2,:))
fprintf(fod,'%g,%g,%g\n',p3(3,:))
fprintf(fod,'%g,%g,%g\n',p3(4,:))
fprintf(fod,'\n')

function atext(fod,la,p3,h,ang,str) %生成文字的函数。
fprintf(fod,';;;TEXT;;;\n');
fprintf(fod,'layer m %s\n',la);
fprintf(fod,'\n');
fprintf(fod,'text\n');
fprintf(fod,'%g,%g,%g\n',p3(1,:));
```

```
fprintf(fod,'%g\n',h);
fprintf(fod,'%g\n',ang);
fprintf(fod,'%s\n',str);


function apsod(fod,la,just,w,h,p2d)
%画三维实体墙的函数,矩形截面的墙、柱、梁和板等的造型均可采用此多义线墙函数。
%可配合 aucs 及 azh 等函数使用。
fprintf(fod,';;;Polysolid;;多段实墙体;\n');
fprintf(fod,'layer m %s\n',la);
fprintf(fod,'\n');
fprintf(fod,'polysolid\n');
fprintf(fod,'just\n');
fprintf(fod,'%s\n',just);%对齐方式 'c' 'l' 'r',不可用 i 或 j 等特殊值。
fprintf(fod,'w\n');
fprintf(fod,'%g\n',w);%宽度
fprintf(fod,'h\n');
fprintf(fod,'%g\n',h);%高度,不支持负数
fprintf(fod,'%g,%g\n',p2d(1,:)); %2 维点,高程由 elev 控制。
azh(fod,h,t);
for n=2:length(p2d(:,1))
fprintf(fod,'%g,%g\n',p2d(n,1),p2d(n,2));
end
fprintf(fod,'\n');


function asphere(fod,la,p3,r) %画三维实体球的函数。
fprintf(fod,';;;SPHERE;;;\n');
fprintf(fod,'layer m %s\n',la);
fprintf(fod,'\n');
fprintf(fod,'sphere\n');
fprintf(fod,'%g,%g,%g\n',p3(1,:));
fprintf(fod,'%g\n',r);


function acone(fod,la,p3,r,h)%画三维实体锥的函数。
fprintf(fod,';;;cone; 圆锥体;;\n');
fprintf(fod,'layer m %s\n',la);
fprintf(fod,'\n');
fprintf(fod,'cone\n');
fprintf(fod,'%g,%g,%g\n',p3(1,:));
fprintf(fod,'%g\n',r);
fprintf(fod,'%g\n',h);


function acyr(fod,la,p3,r,h)
```

```
%画三维圆柱体的函数,可配合 aucs 及 azh 等函数使用。
fprintf(fod, ';;;cylinder;圆柱体;;\n');
fprintf(fod, 'layer m %s\n',la);
fprintf(fod, '\n');
fprintf(fod, 'cylinder\n');
fprintf(fod, '%g,%g,%g\n',p3(1,:));
fprintf(fod, '%g\n',r);
fprintf(fod, '%g\n',h);
```

function asecb(fod, la, pp3) %画任意截面域的函数。
```
%绘制任意截面
apline(fod,la,0.333,0,pp3)
%azms(fod,0.1);
fprintf(fod, '(setq s (ssget "all" (list (cons 39 0.333))))\n');
fprintf(fod, 'layer m %s \n',la);
fprintf(fod, 'region\n');
%只有变成域 region,扫掠过程中的形心运动路径与扫掠路径重合。
fprintf(fod, '!s\n');
fprintf(fod, '\n');
fprintf(fod, '(setq s (ssget "all" (list (cons 0 "REGION") (cons 8 "%s"))))\n',la);
fprintf(fod, 'layer m %s \n','0');
```

function aexps(fod, la, p3) %将选择集中的截面按路径(由坐标点组成)拉伸成曲面。
```
fprintf(fod, 'layer m %s \n','path');
apoly(fod, 'path',p3);
fprintf(fod, '(setq sp (ssget "all" (list (cons 8 "path"))))\n');
fprintf(fod, 'layer m %s \n',la)
fprintf(fod, 'extrude mo su\n');
fprintf(fod, '!s\n');
fprintf(fod, '\n');
fprintf(fod, 'p\n');
fprintf(fod, '!sp\n');
fprintf(fod, 'erase !s \n');
fprintf(fod, 'erase !sp \n');
```

function aexp(fod, la, p3) %将选择集中的截面按路径(由坐标点组成)拉伸成实体。
```
fprintf(fod, 'layer m %s \n','path');
apoly(fod, 'path',p3);
fprintf(fod, '(setq sp (ssget "all" (list (cons 8 "path"))))\n');
fprintf(fod, 'layer s %s \n',la)
fprintf(fod, 'extrude mo so\n');
fprintf(fod, '!s\n');
```

```
fprintf(fod,'\n');
fprintf(fod,'p\n');
fprintf(fod,'!sp\n');
fprintf(fod,'erase !sp \n');
fprintf(fod,'erase !s \n');
```

function aswps(fod, la, p3) %将选择集中的截面按路径(由坐标点组成)扫掠成曲面。
%本函数可将 3dpoly\pline\circle 及 3dface 的选择集,按路径 p3 的数据及截面局部坐标
%原点,扫掠形成相应的曲面。
```
fprintf(fod,'layer m %s \n','path');
apoly(fod,'path',p3);
fprintf(fod,'(setq sp (ssget "all" (list (cons 0 "POLYLINE") (cons 8 "path"))))\n');
fprintf(fod,'layer m %s \n',la)
fprintf(fod,'sweep mo su\n');
fprintf(fod,'!s\n');
fprintf(fod,'\n');
fprintf(fod,'!sp\n');
fprintf(fod,'erase !s \n');
fprintf(fod,'erase !sp \n');
```

function aswp(fod, la, p3) %将选择集中的截面按路径(由坐标点组成)扫掠成实体。
```
fprintf(fod,'layer m %s \n','path');
apoly(fod,'path',p3);
fprintf(fod,'(setq sp (ssget "all" (list (cons 0 "POLYLINE") …
(cons 8 "path"))))\n');
fprintf(fod,'layer m %s \n',la)
fprintf(fod,'sweep mo so\n');
fprintf(fod,'!s\n');
fprintf(fod,'\n');
fprintf(fod,'!sp\n');
fprintf(fod,'erase !sp \n');
fprintf(fod,'erase !s \n');
```

function alofts(fod, la1, la2) %将层号为 la1 中的截面放样成层号为 la2 中的曲面。
```
fprintf(fod,'(setq sf (ssget "all" (list (cons 8 "%s"))))\n',la1);
fprintf(fod,'layer m %s \n',la2)
fprintf(fod,'loft mo su\n');
fprintf(fod,'!sf \n\n');
function aloft(fod,la1,la2)%将层号为 la1 中的截面放样成层号为 la2 中的实体。
fprintf(fod,'(setq sf (ssget "all" (list (cons 8 "%s"))))\n',la1);
fprintf(fod,'layer m %s \n',la2)
fprintf(fod,'loft mo so\n');
```

```
fprintf(fod,'!sf \n\n');
```

function auni(fod,la1,la2) %将层号为 la1 与 la2 中的曲面或实体进行联合。

```
fprintf(fod,'(setq s2 (ssget "all" (list (cons 8 "%s"))))\n',la2);
fprintf(fod,'(setq s1 (ssget "all" (list (cons 8 "%s"))))\n',la1);
fprintf(fod,';;;union;;;\n');
fprintf(fod,'union ');
fprintf(fod,'!s2\n');
fprintf(fod,'!s1\n');
fprintf(fod,'\n');
```

function aint(fod,la1,la2) %求层号为 la1 与 la2 中曲面或实体的交集。

```
fprintf(fod,'(setq s2 (ssget "all" (list (cons 8 "%s"))))\n',la2);
fprintf(fod,'(setq s1 (ssget "all" (list (cons 8 "%s"))))\n',la1);
fprintf(fod,';;;union;;;\n');
fprintf(fod,'intersect ');
fprintf(fod,'!s2\n');
fprintf(fod,'\n');
fprintf(fod,'!s1\n');
fprintf(fod,'\n');
```

function asub(fod,la1,la2)

%将层号为 la1 的曲面或实体减去层号为 la2 中的曲面或实体。

```
fprintf(fod,'(setq s1 (ssget "all" (list (cons 8 "%s"))))\n',la1);
fprintf(fod,'(setq s2 (ssget "all" (list (cons 8 "%s"))))\n',la2);
fprintf(fod,';;;subtract;;;\n');
fprintf(fod,'subtract ');
fprintf(fod,'!s1 \n');
fprintf(fod,'!s2 \n');
```

function asli(fod,la,pps) %将层号为 la 的曲面或实体,按 pps 描述的 4 点进行剖切。

```
fprintf(fod,'(setq s (ssget "all" (list (cons 0 "3dSOLID") ···
(cons 8 "%s"))))\n',la);
fprintf(fod,'slice\n')
fprintf(fod,'!s \n');
fprintf(fod,'3\n');%3 points
fprintf(fod,'%g,%g,%g\n',pps(1,:));
fprintf(fod,'%g,%g,%g\n',pps(2,:));
fprintf(fod,'%g,%g,%g\n',pps(3,:));
fprintf(fod,'%g,%g,%g\n',pps(4,:));
```

function a3ay(fod,la,nx,ny,nz,sx,sy,sz) %将层号为 la 的实体进行三维阵列。

```
fprintf(fod,'(setq s (ssget "all" (list (cons 8 "%s"))))\n',la);
fprintf(fod,';;;3darray;;;\n');
fprintf(fod,'3darray ');
fprintf(fod,'!s\n');
fprintf(fod,'\n');
fprintf(fod,'r\n');
fprintf(fod,'nx\n');
fprintf(fod,'ny\n');
fprintf(fod,'nz\n');
fprintf(fod,'sx\n');
fprintf(fod,'sy\n');
fprintf(fod,'sz\n');


function aextps(fod,la,p3)
%将封闭的 3dpoly\pline\circle 及 3dface 的前一个选择集,
%按路径 p3 的数据及截面局部坐标原点,拉伸形成相应的曲面。
fprintf(fod,';;;Poly;;;\n')
fprintf(fod,'layer m %s \n','temp')
fprintf(fod,'3dpoly\n')
fprintf(fod,'%g,%g,%g\n',p3(1,:))
fori=2:length(p3(:,1))
fprintf(fod,'%g,%g,%g\n',p3(i,:))
end
fprintf(fod,'\n')
fprintf(fod,'(setq sp (ssget "all" (list (cons 0 "POLYLINE") …
(cons 8 "temp" ))))\n');
fprintf(fod,'layer m %s \n',las);
fprintf(fod,'extrude mo su\n');
fprintf(fod,'!s\n');
fprintf(fod,'\np\n');
fprintf(fod,'!sp\n');
fprintf(fod,'erase !sp \n');
fprintf(fod,'erase !s \n');


function aextpv(fod,la,p3)
%将封闭的 3dpoly\pline\circle 及 3dface 的前一个选择集,
%按路径三维多义线 p3 的数据及截面所在位置,拉伸成相应的实体。
fprintf(fod,';;;Poly;;;\n')
fprintf(fod,'layer m %s \n','temp')
fprintf(fod,'3dpoly\n')
fprintf(fod,'%g,%g,%g\n',p3(1,:))
for i=2:length(p3(:,1))
```

```
fprintf(fod,'%g,%g,%g\n',p3(i,:))
end
fprintf(fod,'\n')
fprintf(fod,'(setq sp (ssget "all" (list (cons 0 "POLYLINE") …
(cons 8 "temp" ))))\n');
fprintf(fod,'layer m %s \n',la);
fprintf(fod,'extrude mo so\n');
fprintf(fod,'!s\n');
fprintf(fod,'\np\n');
fprintf(fod,'!sp\n');
fprintf(fod,'erase !sp \n');
fprintf(fod,'erase !s \n');
```

function aswps(fod, la, p3)
```
%将 3dpoly\pline\circle 及 3dface 的前一个选择集,
%按路径三维多义线 p3 的数据及截面和局部坐标原点,扫掠形成相应的曲面。
fprintf(fod,'layer m %s \n','path');
apoly(fod,'path',p3);
fprintf(fod,'(setq sp (ssget "all" (list (cons 0 "POLYLINE") …
(cons 8 "path"))))\n');
fprintf(fod,'layer m %s \n',la)
fprintf(fod,'sweep mo su\n');
fprintf(fod,'!s\n');
fprintf(fod,'\n');
fprintf(fod,'!sp\n');
fprintf(fod,'erase !s \n');
fprintf(fod,'erase !sp \n');
```

function aswpv(fod, la, p3)
```
%将封闭的 3dpoly\pline\circle 及 3dface 的前一个选择集,
%按路径三维多义线 p3 的数据及截面和局部坐标原点,扫掠形成相应的实体。
fprintf(fod,'layer m %s \n','path');
apoly(fod,'path',p3);
fprintf(fod,'(setq sp (ssget "all" (list (cons 0 "POLYLINE") …
(cons 8 "path"))))\n');
fprintf(fod,'layer m %s \n',la)
fprintf(fod,'sweep mo so\n');
fprintf(fod,'!s\n');
fprintf(fod,'\n');
fprintf(fod,'!sp\n');
```

1.5.2　SCR 高级接口函数

```
function adumbv(fod, ls, lv, p0, m, h, b, t1, t2, t3, ang, za, p3)
%将工字钢(槽钢及角钢)截面,按路径三维多义线 p3 扫掠或拉伸形成实体及曲面。
if length(strtok(lv))>0
 aucs(fod,'o',p3(1,:));
adumb(fod, 'temp', p0, m, h, b, t1, t2, t3, ang, za);
%将工字钢截面,按路径三维多义线 p3 扫掠成实体。
if norm(p0-p3(1,:))/h>1 %p0 距离路径起点 p3(1,:) 较远时;
aswpv(fod, lv, p3);%截面局部坐标原点沿路径扫掠
else
 aextpv(fod, lv, p3);%按截面的位置沿路径拉伸
end
end
%将工字钢截面,按路径三维多义线 p3 扫掠成曲面。
if length(strtok(ls))>0
if m==0
h1=h-t1/2-t3/2;
b1=b;
end
 if m==1
    h1=h-t1/2-t3/2;
    b1=b-t2/2;
  end
 if m==2
    h1=h-t3/2;
    b1=b-t2/2;
    p0(2)=p0(2)-t3/4;
  end
end
aucs(fod,'o',p3(1,:));
adumbs1(fod, ls, p0, m, h1, b1, ang, za);
aextps(fod, ls, p3);%按截面的位置沿路径拉伸
end


function aboxv(fod, ls, lv, p0, h, b, t1, t2, ang, za, p3)
%将矩形钢管截面,按路径三维多义线 p3 扫掠或拉伸形成实体与曲面。
if length(strtok(lv))>0
aboxb(fod, 'temp', p0, h, b, t1, t2, ang, za);
    if norm(p0-p3(1,:))/h>1 %p0 距离路径起点 p3(1,:) 较远时
       aswpv(fod, lv, p3);%截面局部坐标原点沿路径扫掠
    else
```

```
      aextpv(fod,lv,p3)%按截面的位置沿路径拉伸
    end
end
```

%将矩形钢管截面,按路径三维多义线 p3 扫掠成曲面。

```
if length(strtok(ls))>0
  h1=h-t1;
  b1=b-t2;
  aucs(fod,'o',p3(1,:));
  aboxs(fod,'temp',p0,h1,b1,ang,za);
  if norm(p0-p3(1,:))/d>1 %p0 距离路径起点 p3(1,:)较远时
    aswps(fod,ls,p3);
  else
    aextps(fod,ls,p3);%按截面的位置沿路径拉伸。
  end
end
```

function apipev(fod,ls,lv,p0,d,t,za,p3)

%将圆钢管截面,按路径三维多义线 p3 扫掠或拉伸形成实体与曲面。

```
if length(strtok(lv))>0
apipeb(fod,'temp',p0,d,t,za);
if norm(p0-p3(1,:))/d>1 %p0 距离路径起点 p3(1,:)较远时
aswpv(fod,lv,p3);%截面局部坐标原点沿路径扫掠
else
aextpv(fod,lv,p3);%按截面的位置沿路径拉伸
end
% fprintf(fod,'erase !s \n');
% fprintf(fod,'erase !sp \n');
end
```

%将圆钢管截面,按路径三维多义线 p3 扫掠成曲面。

```
if length(strtok(ls))>0
d1=d-t;
aucs(fod,'o',p3(1,:));
apipes(fod,'temp',p0,d1,t,za);
if norm(p0-p3(1,:))/d>1 %p0 距离路径起点 p3(1,:)较远时
aswps(fod,ls,p3);
else
aextps(fod,ls,p3);%按截面的位置沿路径拉伸。
end
end
```

function abarv(fod,lv,p0,d,za,p3)

%将圆形截面,按路径三维多义线 p3 扫掠或拉伸形成钢筋(索)实体。

```
if length(strtok(lv))>0
abarb(fod,'temp',p0,d,za);
if norm(p0-p3(1,:))/d>1 %p0 距离路径起点 p3(1,:)较远时；
 aswpv(fod,lv,p3);%截面局部坐标原点沿路径扫掠。
else
 aextpv(fod,lv,p3)%按截面的位置沿路径拉伸。
end
end
```

function aregv(fod,lv,p0,h,b,ang,za,p3)
%将矩形截面,按路径三维多义线 p3 扫掠或拉伸形成实体。
```
if length(strtok(lv))>0
aregb(fod,'temp',p0,h,b,ang,za);
if norm(p0-p3(1,:))/h>1 %p0 距离路径起点 p3(1,:)较远时；
 aswpv(fod,lv,p3);%截面局部坐标原点沿路径扫掠。
else
 aextpv(fod,lv,p3)%按截面的位置沿路径拉伸。
end
end
```

function apolys(fod,la,md,dr,np,p3)
%对三维折线作圆弧倒角处理,AutoCAD 无此功能,故本函数增补了相应功能,可用于结构
%构件、设备管道、道路隧道等造型及参数化设计、结构分析、施工放样和加工下料等工作。
%md==0;不处理
%md==1,按倒角距离 dr,对空间折线 p3 作圆弧倒角处理。
%md==2,按倒角半径 dr,对空间折线 p3 作圆弧倒角处理。
%np 为倒角处新增节点的个数,n>=3。
```
if md>0
RX=[1,0,0];
RY=[0,1,0];
RZ=[0,0,1];

%alaym(fod,'3');
%acolor(fod,'1');
if length(p3(:,1))>2 | md==0%2 个点以上才作倒角处理
 p3a=p3(1,:);
for n=2:length(p3(:,1))-1
 r1=p3(n,:)-p3(n-1,:);
 d1=norm(r1);
 r1=r1/d1;
 r2=p3(n+1,:)-p3(n,:);
 d2=norm(r2);
```

```
r2=r2/d2;
r3=cross(r2,r1);r3=r3/norm(r3);
if(dot(r3,RZ))==0 %面法向为水平时
   if(abs(dot(r3,RX)))==1 % 与 RX 平行时
      if(dot(r3,RX))<0
         r3=-r3;  %顺 RX 方向
      end
   else
      if(dot(r3,RY))<0
         r3=-r3;  %顺 RY 方向
   end
   end
else
      if(dot(r3,RZ))<0
         r3=-r3;  %顺 RZ 方向
      end
end


%计算倒角相关数据
ai=pi-acos(dot(r1,r2));
r6=-(-r1+r2)/2;r6=r6/norm(r6);%角平分线的方向
   if md==2
      dr=dr/tan(ai/2);%求倒角距离
   end
 r=dr*tan(ai/2);%求倒角半径
 pt=p3(n,:)-r6*r/sin(ai/2);%求圆心
 ry=cross(r3,r1);%求局部坐标系 y 轴矢量
   if dot(r2,ry)>0 %左转
      r4=cross(r1,r3);
   else
      r4=cross(r3,r1);  %右转
 end
%%% 相关判断
 if(dr>=d1|dr>=d2|dot(r1,r2)==1) %不处理
      p3a=[p3a;p3(n,:)];
      continue;
 end
%%%%%%%%%%%%%%%%%% 获得倒角相关分点数据 %%%%%%%%%%%%%%%%%
 p3a=[p3a;pt+r4*r];%计入起始切点
  for n1=1:np-1 %求各分点插入点坐标
    if dot(r2,ry)>0
       rx=ror(r4,r3,n1*(pi-ai)*180/pi/(np-1));
```

```
        else
          rx=ror(r4,r3,-n1*(pi-ai)*180/pi/(np-1));
        end
```

% 对矢量 r1,按右手定则绕 rz 旋转 ang,获得矢量 r2。
```
    p3a=[p3a;pt+rx*r]; %计入各分点
    end
    aline(fod,'3',0,[p3(n,:);pt+r4*r]);    %绘倒角处控制点辅助线。
    aline(fod,'3',0,[p3(n,:);pt+rx*r]);    %绘倒角处控制点辅助线。
%%%%%%%%%%%%%%%%%%%%%%%%%%
end %n=2:length(p3(:,1)-1)
p3a=[p3a;p3(length(p3(:,1)),:)]; %计入最后一点
p3=p3a;    %坐标更新
end %2 个点以上才作倒角处理
end %if md>0
%%%%% 画空间折线或空间多义线(作圆弧倒角处理后的空间折线) %%%%%%%
fprintf(fod,';;;Poly;;;\n')
fprintf(fod,'layer m %s \n',la)
fprintf(fod,'3dpoly\n')
fprintf(fod,'%g,%g,%g\n',p3(1,:))
for n=2:length(p3(:,1))
fprintf(fod,'%g,%g,%g\n',p3(n,:))
end
fprintf(fod,'\n')
```

function ahole(fod,mh,mw,p0,h,b,ang,za,p3)
%对实体或曲面的选择集 sg,按圆形隧道孔或矩形隧道截面与隧道中线三维路
%径 p3,进行批量开孔。
```
if mw==0 %切割 slice
if mh==0 %圆形孔
    apipes(fod,'temp',p0,h,0,za);
    end
if mh==1 %矩形孔
    aboxs(fod,'temp',p0,h,b,ang,za);
    end
    aswps(fod,'temp',p3);%%形成孔对应的曲面
fprintf(fod,'(setq su (ssget "all" (list (cons 0 "SWEPTSURFACE") …
(cons 8 "temp"))))\n'); %选择封闭曲面
fprintf(fod,'layer m %s \n',la);
fprintf(fod,'slice\n')
fprintf(fod,'!sg \n');
fprintf(fod,'s !su \n');
```

23

```
 fprintf(fod,'erase !su \n');
 fprintf(fod,'erase !sg \n');
end
%%%%%%%%%%%%%%%%%%%%%%%%%%%%%
if mw==1 %减除 substact
  if mh==0 %圆形孔
    abarv(fod,'temp',p0,h,za,p3);%形成孔对应的实体
  end
  if mh==1 %矩形孔
    aregv(fod,'temp',p0,h,b,ang,za,p3);%形成孔对应的实体
  end
fprintf(fod,'(setq s2 (ssget "all" (list (cons 8 "temp")))) \n');
fprintf(fod,'layer m %s \n',la);
fprintf(fod,';;;subtract;;; \n');
fprintf(fod,'subtract ');
fprintf(fod,'!sg \n');
fprintf(fod,'!s2 \n');
end


function a3dpolyv(fod,lv,p2,wid,za,p3)
%按法向矢量 za 中采用 3dpoly 绘制带状或任意截面(p2 和 wid 表征),
%按路径(p3 表征)拉伸形成实体。
if length(strtok(lv))>0
%在世界坐标系中按法向矢量 za 中采用 3dpoly 绘制截面,返回其选择集 s。
  a3dpolyb(fod,'222',p2,wid,za);
  aextpv(fod,lv,p3);%将选择集 s,按路径(p3 表征)拉伸形成实体。
end


function a3dpolyu(fod,las,p2,p3)
%在 lv 层里,采用 3dpoly 绘制任意截面(p2 表征),按路径(p3 表征)拉伸形成曲面。
if length(strtok(las))>0
 a3dpolys(fod,'222',p2);%采用 3dpoly 绘制任意截面(p2 表征)
 aextps(fod,las,p3); %按路径(p3 表征)拉伸形成曲面
end


function astep(fod,las,lav,ps,rs,ls,bs,ns,ds,dh,ts,t2,db)
%用于形成钢结构踏步的实体与曲面。
%ps,rs 分别为定位点与水平定向矢量(即 ls 的方向);
%ls,bs 分别为梯洞净长与净宽;
%ds,dh 分别为踏步长与高;
%ts 为踏步板件厚度;
%ns 为踏步个数;
```

```
if ts<=0 | ls<=0 | bs<=0
 return;
end
if ns>=1
ZA=[0,0,1];
rs=rs/norm(rs);%%指向踏步宽 ds 的方向；
ds1=ls-ds*(ns-1)-db*ts;%ds1 为第一个踏步长度；
%第一步
za=cross(rs,ZA);%截面坐标系中 z 方向；也指向踏步长 bs 的方向；
za=za/norm(za);
p2=ps-ZA*ts/2;
p2=[p2;p2(1,:)+rs*(ds1+ts/2)];
for n=1:ns-1
  p2=[p2; p2(2*n,:)+ZA*dh];
    if n==ns-1 &db==0
      p2=[p2; p2(2*n+1,:)+rs*(ds-ts/2)];
    else
      p2=[p2; p2(2*n+1,:)+rs*ds];
    end
end
if db==1 %顶部设竖端板
    np=ns*2+1;
  p2(np,:)=p2(np-1,:)+ ZA*(dh+ts/2);
end
wid=ts;
%形成实体
  p3=[ps;ps+za*bs];
a3dpolyv(fod,lav,p2,wid,za,p3);
%形成曲面
p3=[ps-za*t2/2;ps+za*(bs+t2/2)];
sita=atan(dh/ds);
%修正踏步板控制点高度，使得踏步板曲面与梁曲面对齐。
dh1=t2/2/cos(sita)-ts/2-ts/2*tan(sita);
np=length(p2(:,1));
for n=1:np %平移
  p2(n,:)=p2(n,:)-za*t2/2-dh1*ZA;
end
a3dpolyu(fod,las,p2,p3);
end
```

function acstep(fod,lav,ps,rs,ls,bs,ns,ds,dh,ts,lp1,tp1,lp2,tp2)
%用于形成混凝土楼梯踏步实体。

```
%ps,rs 分别为定位点与水平定向矢量(即 ls 的方向);
%ls,bs 分别为梯洞净长(含平台长度)与净宽;
%ns 为踏步高数;ds,dh 分别为踏步长与高。
%楼梯斜板厚度 ts;
%下平台板长度 lp1;
%下平台板厚度 tp1;
%上平台板长度 lp2;
%上平台板厚度 tp2;
ZA=[0,0,1];
ls=lp1+(ns-1)*ds+lp2;
rs=rs/norm(rs);%指向踏步长的方向;
za=cross(rs,ZA);%截面坐标系中 z 方向;也指向踏步宽 bs 的方向;
za=za/norm(za);
      p2(1,:)=ps;
      p2(2,:)=ps+rs*lp1;
      for nx=1:ns
          p2(2+2*nx-1,:)=p2(1+2*nx-1,:)+ZA*dh;
          p2(2+2*nx,:)=p2(1+2*nx,:)+rs*ds;
          if nx==ns
          p2(2+2*nx,:)=p2(1+2*nx,:)+rs*lp2;    %右上角
        end
      end
      p2(2+2*ns+1,:)= p2(2+2*ns,:)-ZA*tp2;
      %求交点 cp1
      pa=p2(2,:);
      pb=p2(2*ns,:);
      r1=pb-pa;
      r1=r1/norm(r1);
      n1=cross(r1,za);
      n1=n1/norm(n1);
      pa=pa+n1*ts;
      pb=pb+n1*ts;
      pd=ps-ZA*tp1;
      pc=pd+rs*lp1;
      cp1=gcp(pa,pb,pd,pc);
    %求交点 cp2
      pc=p2(2+2*ns+1,:);
      pd=pc-rs*lp2;
      cp2=gcp(pa,pb,pd,pc);
      %完善节点
      p2(2+2*ns+2,:)=cp2;
      p2(2+2*ns+3,:)=cp1;
```

```
      p2(2+2*ns+4,:)=ps-ZA*tp1;
      p2(2+2*ns+5,:)=ps;
    %形成实体
    p3=[ps;ps+za*bs];
    wid=0;
    a3dpolyv(fod,lav,p2,wid,za,p3);
```

function aribpv(fod, lav, pr, rz, rr, lr, br, tp, nr, hr, tr)

```
%用于形成加肋板的实体。
%pr,rz,rr 分别为加肋板定位点与法向矢量和肋板方向。
%lr,br 分别为加肋板长与宽;tp 为平台板件厚度。
%nr 为肋板个数,等距布置;hr 为肋板高度。
%tr 为肋板厚度。
if tp<=0 | lr<=0 | br<=0
  return;
end
rz=rz/norm(rz);
rr=rr/norm(rr);
rx=cross(rr,rz);
p2=pr;
p2=[p2;pr-rz*tp];
dx=br/(nr+1);
p2=[p2;pr-rz*tp+rx*(dx-tr/2)];%3
for n=1:nr
  p2=[p2; p2(4*n-1,:)-rz*hr];%4
  p2=[p2; p2(4*n,:)+rx*tr];%5
  p2=[p2; p2(4*n+1,:)+rz*hr];%6
  if n<nr
    p2=[p2; p2(4*n+2,:)+rx*(dx-tr)];%7
  else
    p2=[p2; p2(4*n+2,:)+rx*(dx-tr/2)];%7
  end
end
p2=[p2;pr+rx*br];
p2=[p2;pr]; %终点,也是起点。
apoly(fod,'222',p2);
fprintf(fod,'(setq s (ssget "all" (list (cons 0 "POLYLINE") …
(cons 8 "222" ))))\n');
%形成实体
p3=[pr;pr+rr*lr];
aextpv(fod,lav,p3);
```

```
function aribpu(fod,las,pr,rz,rr,lr,br,nr,hr)
%用于形成加肋板的曲面。
%pr,rz.rr 分别为加肋板定位点与法向矢量和肋板方向。
%lr,br 分别为加肋板长与宽。
%ts 为平台板件厚度。
%nr 为肋板个数,等距布置。
%hr 为肋板高度
if lr<=0 | br<=0
  return;
end
rz=rz/norm(rz);
rr=rr/norm(rr);
rx=cross(rr,rz);
dx=br/(nr+1);
p2=pr;
for n=1:nr+1
p2=[p2;p2(n,:)+rx*dx];
end
apoly(fod,'222',p2);
for n=1:nr
  p2=pr+rx*dx*n;
  p2=[p2;p2-rz*hr];
  apoly(fod,'222',p2);
end
fprintf(fod,'(setq s (ssget "all" …
(list (cons 0 "POLYLINE") (cons 8 "222" ))))\n');
%形成曲面
p3=[pr;pr+rr* lr];
aextps(fod,las,p3);


function r2 =ror(r1,rz,ang)
%对矢量 r1,按右手定则绕旋转 ang,获得矢量 r2。
rz1=rz/norm(rz);
r1x=r1-rz1*dot(rz1,r1);%对水平面投影
rx1=r1x/norm(r1x);
ry1=cross(rz,rx1);ry1=ry1/norm(ry1);
r2=rx1*norm(r1x)*cos(ang*pi/180)+ry1*norm(r1x)*sin(ang*pi/180)+rz1*dot(rz1,r1);
```

1.6 SCR 接口函数的应用实例

1) 问题描述

根据连通式钢管混凝土的构造及参数,生成节点实体。

2）处理过程

利用矩阵与元胞等的操作，批量输入节点相应几何数据，依据 SCR 接口函数，形成节点实体的 SCR 文件。

3）程序代码

txt2screxl.m 程序的源代码如下：

```
%利用 SCR 接口函数,进行钢管柱连通式节点三维实体参数化造型。
fo=input('请输入要生成的 SCR 文件名:[d:\\tt\\tt.scr] ','s')
  if size(fo)==[0 0];fo='d:\tt\tt.scr';end;
  fod=fopen(fo,'w');
    if fod==-1
      fprintf('不能打开此文件(%s),请重新输入路径与文件名! \n',fo)
    return;
  end
fprintf(fod,'setvar osmode 0\n'); %osnap 节点捕捉不起作用。

  p0=input('圆心点坐标?[0,0,0]');
 if size(p0)==[0 0];p0=[0,0,0];end;

dat=input(strcat('[下节钢管高度,下节钢管外半径,下节钢管厚度,下节环板宽度]',…
      '[1000,450,20,150]'));%MATLAB 的续行符为…
    if size(dat)==[0 0];dat=[1000,450,20,150];end;
    datc=num2cell(dat);%数字矩阵变元胞矩阵
      [h1,r1,t1,b1]=deal(datc{:}); %对应赋值

dat=input(strcat('[上节钢管高度,上节钢管外半径,上节钢管厚度,下节环板宽度]',…
      '[1000,450,20,150]'));
    if size(dat)==[0 0];dat=[1000,450,20,150];end;
    datc=num2cell(dat);%数字矩阵变元胞矩阵
      [h2,r2,t2,b2]=deal(datc{:}); %对应赋值

  dat=input(strcat('[环梁高度,环梁宽度,框架梁根数,框梁长度,框梁宽度]',...
      '[600,300,4,1000,400]'));
    if size(dat)==[0 0];dat=[600,300,4,1000,400];end;
    datc=num2cell(dat);%数字矩阵变元胞矩阵
      [hb,bb,nb,bs,bf]=deal(datc{:}); %对应赋值

    dat=input(strcat('[穿钢筋的空隙高度,核心钢管外半径,核心钢管厚度,…
        加劲肋板块数,肋板厚度]','[100,420,20,8,20]'));
    if size(dat)==[0 0];dat=[100,420,20,8,20];end;
    datc=num2cell(dat);%数字矩阵变元胞矩阵
      [dh,ri,ti,ni,to]=deal(datc{:}); %对应赋值
```

```
%画下管
acolor(fod,1);%设定颜色
pt=p0;
apipe(fod,'0',pt,2*r1,t1); %画截面并形成选择集s
aext(fod,'0',h1-t1);%对集合s拉伸，hc支持负数。
%画上管
  acolor(fod,1);
pt=p0+[0,0,h1+hb-t1];
apipe(fod,'1',pt,2*r2,t2);
aext(fod,'1',h2);


%画下环板
acolor(fod,2);
pt=p0+[0,0,h1-t1];
apipe(fod,'2',pt,(ri+b1)*2,b1);
aext(fod,'2',t1);


%画上环板
pt=p0+[0,0,h1+hb-t1-t2];
apipe(fod,'3',pt,(ri+b2)*2,b2);
aext(fod,'3',t2);


%画内管
pt=p0+[0,0,h1+dh];
apipe(fod,'4',pt,(ri-to)*2,ti);
aext(fod,'4',hb-t1-t2-2*dh);


%画管1
pt=p0+[0,0,h1];
apipe(fod,'4',pt,ri*2,to);
aext(fod,'4',-dh);

%画管2
pt=p0+[0,0,h1+hb-t1-t2];
apipe(fod,'4',pt,ri*2,to);
aext(fod,'4',dh);


%画肋板
azh(fod,p0(3)+h1,0); %设定高程
for n=1:ni
ang=2*pi/ni*(n-1);
 pp2=[p0(1)+(ri+b1)*cos(ang),p0(2)+(ri+b1)*sin(ang)];
```

```
            p0(1)+(ri-to)*cos(ang),p0(2)+(ri-to)*sin(ang)];
apsod(fod,'rc','c',to,hb-t1-t2,pp2);
end

%画环梁
pt=p0+[0,0,h1-t1];
apipe(fod,'beam',pt,(ri+b1+bb)*2,bb);
aext(fod,'beam',hb);

%画框架梁
azh(fod,p0(3)+h1-t1,0);
for n=1:nb
ang=2*pi/nb*(n-1);
  pp2=[p0(1)+(ri+b1+bb+bs)*cos(ang),p0(2)+(ri+b1+bb+bs)*sin(ang);
            p0(1)+(ri+b1+bb/2)*cos(ang),p0(2)+(ri+b1+bb/2)*sin(ang)];
apsod(fod,'beam','c',bf,hb,pp2);
end

%改变框架梁的透明度,以便可看到内部构造。
fprintf(fod,'(setq s (ssget "all" (list  (cons 8 "%s"))))\n','beam');
    fprintf(fod,'change !s\n\n');
    fprintf(fod,'p tr 90\n\n');
  auni(fod,'beam','beam');%将框架梁实体联合

fclose(fod);
fprintf('\n Ok,%s 文件已经形成。\n',fo);
```

在 MATLAB 命令窗口运行 txt2screx1.m 后，可立即得到如下 AutoCAD 的 SCR 文件，然后在 AutoCAD 下采用 script 命令运行此 SCR 文件，可得如图 1.6-1 所示的三维实体图。

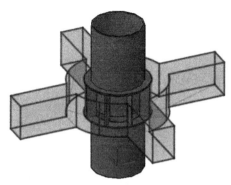

图 1.6-1　利用 SCR 接口函数形成的节点三维实体

利用含 AutoLisp 语句 SCR 接口函数，还可形成如图 1.6-2～图 1.6-5 所示的三维实体、三维曲面等。

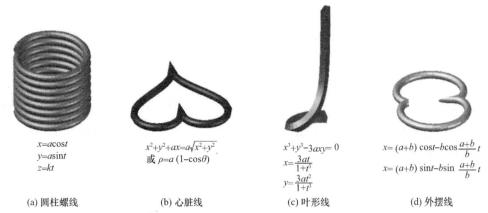

(a) 圆柱螺线　　　　　(b) 心脏线　　　　　(c) 叶形线　　　　　(d) 外摆线

图 1.6-2　利用含 AutoLisp 语句的 SCR 高级接口函数及曲面函数形成的三维实体

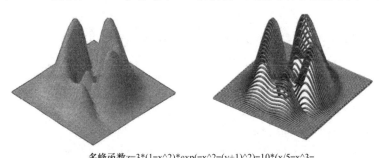

多峰函数z=3*(1-x^2)*exp(-x^2-(y+1)^2)-10*(x/5-x^3-
y^3)*exp(-x^2-y^2)-exp(-(x+1)^2-y^2)/3; z=abs(z);

(a) 3dface表达的多峰函数曲面　　　(b) 三维折线钢筋表达的多峰函数曲面(一笔画)

图 1.6-3　利用含 AutoLisp 语句的 SCR 高级接口函数形成的三维曲面

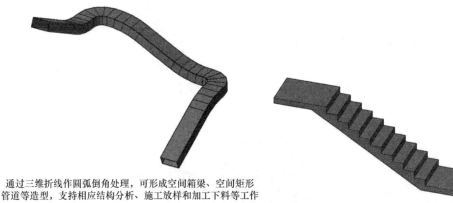

通过三维折线作圆弧倒角处理，可形成空间箱梁、空间矩形
管道等造型，支持相应结构分析、施工放样和加工下料等工作

图 1.6-4　利用含 AutoLisp 语句的 SCR　　　图 1.6-5　利用含 AutoLisp 语句的 SCR
高级接口函数形成的三维曲面　　　　　高级接口函数形成的三维混凝土楼梯实体

1.7　MATLAB 与 AutoCAD 的接口函数特点综述

（1）可利用 MATLAB 函数功能，形成高度模块化的程序结构。

（2）可利用 MATLAB 矩阵数据处理及三维矢量功能（叉积、点积、差、和、乘、模等运算），高效地处理数据转图形及图形编辑等工作。

（3）MATLAB 与 AutoCAD 的 DWG 接口运行速度较快，且无需 AutoCAD 平台支持，可形成三维线与面等基本图形；MATLAB 与 AutoCAD 中 AutoLisp 语句的 SCR 基本接口可充分利用 AutoLisp 对图形数据库的访问功能及实现循环、分叉过程的功能，形成复杂的三维实体，并实现三维实体编辑等功能；DWG 接口与 SCR 接口相辅相成、取长补短，可形成功能齐全的矢量图形处理系统，也弥补了 MATLAB 缺乏矢量图形系统的不足。

（4）MATLAB 与 AutoCAD 中 AutoLisp 语句的 SCR 高级接口面向建筑工程，可高效地形成与处理三维曲面与实体图形，有力支持建筑工程几何造型、图形表达、参数化设计及结构分析中梁、壳单元与块单元等有限元模型的高效建立。

（5）图形接口所依赖的两个软件平台 MATLAB 与 AutoCAD 均简单易学，不仅功能齐全、使用广泛，而且软件价格低廉。

第2章

结构参数化设计

　　参数化设计是对某一模式或某一过程，设置若干可变参数，通过选择或修改可变参数，运用计算机程序得到一系列或某一设计成果，以提高优化的质量或设计的效率，实现设计过程的全部或部分自动化。

　　根据前提条件，参数化设计可大致分为两类：

　　1）模式参数化设计

　　在预设的模式下，变化模式的主要参数，所形成的参数化设计，称为模式参数化设计。如下述的钢框架-支撑结构节点、箱式旋转钢楼梯、悬挑钢楼梯、单层曲面网壳与双层曲面网架等的参数化设计。

　　2）过程参数化设计

　　在一定的条件下，变化处理过程的主要参数所形成的参数化设计称为过程参数化设计，如下述的过程参数化曲面造型。

2.1　钢框架-支撑结构节点参数化设计

　　1）简介

　　某住宅钢框架-支撑结构（图2.1-1）各处节点的构成与受力情况等均不同，用一个典型节点的分析难以覆盖整个节点分析，而逐个手工建模，不仅十分复杂，且难以完成任务，故可采用参数化设计的方法来处理。基于上述DWG接口函数，采用MATLAB编写矩形钢管柱、工字钢梁及箱形支撑节点参数化的程序。输入截面参数、定位数据及网格划分尺寸等并运行后，可迅速形成节点壳元有限元网格划分模型的DWG文件，如图2.1-2所示，可进一步导入MIDAS Gen进行分析，如图2.1-3所示。

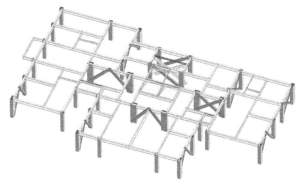

图2.1-1　某住宅钢框架-中心支撑结构标准层模型

图 2.1-2　AutoCAD 壳元几何模型

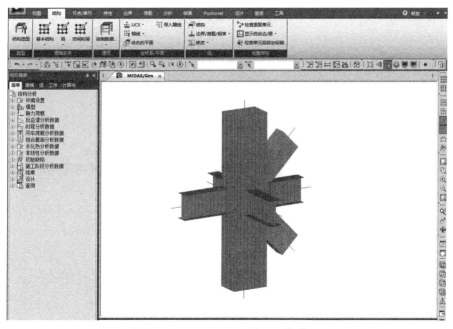

图 2.1-3　MIDAS Gen 壳元几何模型

2）过程及要点

（1）并行且交互式输入批量数据。当输入数据较多时，若采用串行式的数据或数组输入，则使用时不方便，也不利于数据修改。此时可采用菜单式按不同性质的数据块进行输入，然后存贮成二进制文件。为便于访问，数据可均按 32 位浮点数存贮，每个数据其所占字节长度为 4Byte。

（2）采用菜单组织模块，形成程序集中环境。可通过菜单组织各相关模块，形成程序的有机整体。

（3）网格预先自动划分，保证各相邻板件节点自动对位。

（4）快速形成大量单元模型。采用基于 MATLAB 与 AutoCAD 中 DWG 文件的接口，直接且快速。当网格尺寸取 20mm，运行 node.m 后，仅需 3s 可形成如图 2.1-2 所示的

DWG 文件，其中单元数为 3 万余个。

（5）不同部位有不同层号，以方便分别定义板件厚度。另外，在端部生成了用于连接的梁单元，以便进行多尺度模型的分析。

3）主要模块的源代码

nodem. m 程序的源代码如下：

```
%本程序 noem. m 的功能:初始赋值、显示菜单及调度模块。
clear all
fw=input('输入二进制数据文件名:[node. dat]: ','s')
  if size(fw)==[0 0]
    fw='node. dat';
  end
fp=fopen(fw,'r');
if fp==-1
  fprintf('无法打开%s 文件,数据初始值均赋 0。\n',fw);
  xd=zeros(1,41);
else
  xd=fread(fp,41,'float');
end
fclose(fp);
input_mode=0;%按文件输入数据模式。
fo='t. dwg';   %初始 DWG 文件名。
mark0=0;mark1=0;mark2=0;mark3=0;%用于标记各输入窗口数据的改动情况,初始赋 0。
co=[0. 6,1,1];%设置背景颜色。
screen=get(0,'ScreenSize');
W=screen(3);H=screen(4);%获取屏幕的宽度与高度。
%建立图形窗口、组织模块执行。
h=figure('color',co,'position',[0. 1*W,0. 1*H,0. 8*W,0. 8*H],'Name',...
'钢结构节点壳元有限元几何模型生成程序','NumberTitle','off','MenuBar','none');
bar=uimenu(gcf,'Label','总信息输入','Call','nm_input0s');
%执行 1 个命令 nm_input0(出现总信息输入窗口)
bar=uimenu(gcf,'Label','节点数据输入 1','Call','nm_input1s');%执行 1 个命令
nm_input1(出现节点数据 1 的输入窗口)
bar=uimenu(gcf,'Label','节点数据输入 2','Call','nm_input2s');%执行 1 个命令
nm_input2(出现节点数据 2 的输入窗口)
bar=uimenu(gcf,'Label','节点数据输入 3','Call','nm_input3s');%执行 1 个命令
nm_input3(出现节点数据 3 的输入窗口)
bar=uimenu(gcf,'Label','数据存盘','Call','sdats;nm_save');
%执行 2 个命令 sdatm(存盘)和 nm_save(出现信息提示窗口)
bar=uimenu(gcf,'Label','直接生成壳有限元几何模型的 AutoCAD/DWG 文件
','Call','close(gcf);node');%执行 2 个命令 close(gcf)和 node。
hep=uimenu(gcf,'Label','帮助与说明','Call','nm_help');
```

%执行1个命令 nm_help(出现帮助信息窗口)

bye=uimenu(gcf,'Label','退出系统','Call','close(gcf)');%执行1个命令 close(gcf)
(关闭图像窗口,退出系统)。

运行 nodem.m 程序,出现如图 2.1-4 所示界面:

图 2.1-4 钢结构节点壳元有限元几何模型生成程序的界面

以数据1输入模块 nm_input1s.m 为例,说明如何显示与获取数据。

nm_input1s.m 程序的源代码如下:

```
% 本程序 nm_input1s.m 的功能:更新数据显示、建立子菜单、显示原有数据、
% 获取节点数据1的信息。
if mark1==1%窗口相应命令已执行。
    for n=2:17
    if(length(str2num(xds{n}))>0) %仅对有效的数字结果更新数据。
        xd(n)=str2num(xds{n});
    end
  end
end


screen=get(0,'ScreenSize');
W=screen(3);H=screen(4);


co=[0.7,1,1];
hf1=figure('color',co,'position',[0.3*W,0.3*H,0.5*W,0.5*H]','Name',…
'节点数据输入1','NumberTitle','off','MenuBar','none');
uicontrol(hf1,'style','frame','units','normalized','position',[9/250,49/140,…
114/250,84/140],'horizontal','left','back',co);
uicontrol(hf1,'style','frame','units','normalized','position',…
```

```
[129/250,49/140,114/250,84/140],'horizontal','left','back',co);

co1=[0.7,1,1];
co2=[0.8,0.9,1];
ht=12*H/900;
x1=10/250;x2=103/250;
dx1=90/250;dy=8/140;dx2=17/250;
%%%%%%%%%%%%%%%%%%%%%%% 定义第1列子菜单 %%%%%%%%%%%%%%%%%%%%%%%%%
str=strcat('网格尺寸(mm)[',num2str(xd(2)),']:');
uicontrol(hf1,'style','text','units','normalized','position',[x1,120/140,…
dx1,dy],'horizontal','left','FontSize',ht,'string',str,'back',co1);
str=strcat('柱截面的高度(mm)[',num2str(xd(3)),']:');
uicontrol(hf1,'style','text','units','normalized','position',[x1,110/140,…
dx1,dy],'horizontal','left','FontSize',ht,'string',str,'back',co1);
str=strcat('柱截面的宽度(mm)[',num2str(xd(4)),']:');
uicontrol(hf1,'style','text','units','normalized','position',[x1,100/140,…
dx1,dy],'horizontal','left','FontSize',ht,'string',str,'back',co1);
str=strcat('节点中柱的长度(mm)[',num2str(xd(5)),']:');
uicontrol(hf1,'style','text','units','normalized','position',[x1,090/140,…
dx1,dy],'horizontal','left','FontSize',ht,'string',str,'back',co1);
str=strcat('上横隔板的伸出长度(mm)[',num2str(xd(6)),']:');
uicontrol(hf1,'style','text','units','normalized','position',[x1,080/140,…
dx1,dy],'horizontal','left','FontSize',ht,'string',str,'back',co1);
str=strcat('上横隔板的伸出宽度(mm)[',num2str(xd(7)),']:');
uicontrol(hf1,'style','text','units','normalized','position',[x1,070/140,…
dx1,dy],'horizontal','left','FontSize',ht,'string',str,'back',co1);
str=strcat('上横隔板的高度(mm)[',num2str(xd(8)),']:');
uicontrol(hf1,'style','text','units','normalized','position',[x1,060/140,…
dx1,dy],'horizontal','left','FontSize',ht,'string',str,'back',co1);
str=strcat('下横隔板的伸出长度(mm)[',num2str(xd(9)),']:');
uicontrol(hf1,'style','text','units','normalized','position',[x1,050/140,…
dx1,dy],'horizontal','left','FontSize',ht,'string',str,'back',co1);

% 设定相应字符串输入窗口
he3=uicontrol(hf1,'style','Edit','units','normalized','position',[x2,120/140,…
dx2,dy],'FontSize',ht,'back',co2);
he4=uicontrol(hf1,'style','Edit','units','normalized','position',[x2,110/140,…
dx2,dy],'FontSize',ht,'back',co2);
he5=uicontrol(hf1,'style','Edit','units','normalized','position',[x2,100/140,…
dx2,dy],'FontSize',ht,'back',co2);
he6=uicontrol(hf1,'style','Edit','units','normalized','position',[x2,090/140,…
dx2,dy],'FontSize',ht,'back',co2);
```

```
he7=uicontrol(hf1,'style','Edit','units','normalized','position',[x2,080/140,…
dx2,dy],'FontSize',ht,'back',co2);
he8=uicontrol(hf1,'style','Edit','units','normalized','position',[x2,070/140,…
dx2,dy],'FontSize',ht,'back',co2);
he9=uicontrol(hf1,'style','Edit','units','normalized','position',[x2,060/140,…
dx2,dy],'FontSize',ht,'back',co2);
he10=uicontrol(hf1,'style','Edit','units','normalized','position',…
[x2,050/140,dx2,dy],'FontSize',ht,'back',co2);

%%%%%%%%%%%%%%%%%%%%%%% 定义第 2 列子菜单 %%%%%%%%%%%%%%%%%%%%%%%%%%
x3=130/250;x4=223/250;
str=strcat('上横隔板的伸出宽度(mm) [',num2str(xd(10)),']:');
uicontrol(hf1,'style','text','units','normalized','position',[x3,120/140, …
dx1,dy],'horizontal','left','FontSize',ht,'string',str,'back',co1);
str=strcat('下横隔板的高度(mm) [',num2str(xd(11)),']:');
uicontrol(hf1,'style','text','units','normalized','position',[x3,110/140, …
dx1,dy],'horizontal','left','FontSize',ht,'string',str,'back',co1);
str=strcat('是否设 X 向竖隔板[',num2str(xd(12)),']:');
uicontrol(hf1,'style','text','units','normalized','position',[x3,100/140, …
dx1,dy],'horizontal','left','FontSize',ht,'string',str,'back',co1);
str=strcat('X 向竖隔板 1 中线定位尺寸(mm) [',num2str(xd(13)),']:');
uicontrol(hf1,'style','text','units','normalized','position',[x3,090/140, …
dx1+3/250,dy],'horizontal','left','FontSize',ht,'string',str,'back',co1);
str=strcat('X 向竖隔板 2 中线定位尺寸(mm) [',num2str(xd(14)),']:');
uicontrol(hf1,'style','text','units','normalized','position',[x3,080/140, …
dx1+3/250,dy],'horizontal','left','FontSize',ht,'string',str,'back',co1); …
str=strcat('是否设 Y 向竖隔板 [',num2str(xd(15)),']:');
uicontrol(hf1,'style','text','units','normalized','position',[x3,070/140, …
dx1,dy],'horizontal','left','FontSize',ht,'string',str,'back',co1);
str=strcat('Y 向竖隔板 1 中线定位尺寸(mm) [',num2str(xd(16)),']:');
uicontrol(hf1,'style','text','units','normalized','position',[x3,060/140, …
dx1,dy],'horizontal','left','FontSize',ht,'string',str,'back',co1);
str=strcat('Y 向竖隔板 2 中线定位尺寸(mm) [',num2str(xd(17)),']:');
uicontrol(hf1,'style','text','units','normalized','position',[x3,050/140, …
dx1,dy],'horizontal','left','FontSize',ht,'string',str,'back',co1);

% 设定相应字符串输入窗口
he11=uicontrol(hf1,'style','Edit','units','normalized','position', …
[x4,120/140,dx2,dy],'FontSize',ht,'back',co2);
he12=uicontrol(hf1,'style','Edit','units','normalized','position', …
[x4,110/140,dx2,dy],'FontSize',ht,'back',co2);
he13=uicontrol(hf1,'style','Edit','units','normalized','position', …
```

```
[x4,100/140,dx2,dy],'FontSize',ht,'back',co2);
he14=uicontrol(hf1,'style','Edit','units','normalized','position',…
[x4,090/140,dx2,dy],'FontSize',ht,'back',co2);
he15=uicontrol(hf1,'style','Edit','units','normalized','position',…
[x4,080/140,dx2,dy],'FontSize',ht,'back',co2);
he16=uicontrol(hf1,'style','Edit','units','normalized','position',…
[x4,070/140,dx2,dy],'FontSize',ht,'back',co2);
he17=uicontrol(hf1,'style','Edit','units','normalized','position',…
[x4,060/140,dx2,dy],'FontSize',ht,'back',co2);
he18=uicontrol(hf1,'style','Edit','units','normalized','position',…
[x4,050/140,dx2,dy],'FontSize',ht,'back',co2);

% 建立命令系列,''代表'的保护引用;采用元胞存储输入窗口的字符串信息。
COMMB=[ 'xds{2}=get(he3,''string'');',...
        'xds{3}=get(he4,''string'');',...
        'xds{4}=get(he5,''string'');',...
        'xds{5}=get(he6,''string'');',...
        'xds{6}=get(he7,''string'');',...
        'xds{7}=get(he8,''string'');',...
        'xds{8}=get(he9,''string'');',...
        'xds{9}=get(he10,''string'');',...
        'xds{10}=get(he11,''string'');',...
        'xds{11}=get(he12,''string'');',...
        'xds{12}=get(he13,''string'');',...
        'xds{13}=get(he14,''string'');',...
        'xds{14}=get(he15,''string'');',...
        'xds{15}=get(he16,''string'');',...
        'xds{16}=get(he17,''string'');',...
        'xds{17}=get(he18,''string'');',...
     'mark1=1;',...
   'close(hf1)'];
% 执行 COMMB 的命令序列,立即返回。
uicontrol(hf1,'style','push','units','normalized','position',[115/250,20/140,…
20/250,10/140],'horizontal','left','FontSize',ht,'string','确定','call',COMMB);
```

数据存盘模块 sdats.m 应考虑输入的信息可能是字符串,故应先做字符串到数字的转换处理;然后,再将数据存储成二进制数据文件。

sdats.m 程序的源代码如下:

```
% 本程序 sdats.m 的功能:在执行修改命令后,将数据存为二进制数据文件。
if mark0==1 | mark1==1| mark2==1|mark3==1
% 仅对有改动的情况,才执行存盘的命令。
% 应对数据最后一次更新,否则部分字符串的信息还未转成数据的信息。
```

```
if mark0==1 %窗口相应命令已执行。
    if length(str2num(xds{1}))>0 %数据有效时,则更新数据。
    xd(1)=str2num(xds{1});
  end
        if length(ft)>0 %若有效
  fo=ft;  %更新 DWG 文件名。
    end
end

if mark1==1%窗口相应命令已执行。
      for n=2:17
    if(length(str2num(xds{n}))>0) %对有效的数字结果才更新数据。
        xd(n)=str2num(xds{n});
    end
  end
end

    if mark2==1%窗口相应命令已执行。
    for n=18:33
      if(length(str2num(xds{n}))>0)%数据有效时,则更新数据。
        xd(n)=str2num(xds{n});
      end
    end
    end

if mark3==1%窗口相应命令已执行。
    for n=34:41
    if length(str2num(xds{n}))>0 %数据有效时,则更新数据。
      xd(n)=str2num(xds{n});
    end
  end
end

  fp=fopen(fw,'w+');
  fwrite(fp,xd,'float'); %将数据存为二进制数据文件。
  fclose(fp);
  end
```

主模块 node.m 的功能为初始赋值、输入数据、数据处理、形成图形等,其部分源代码如下:

```
if exist('input_mode')==0
  input_mode=input('0:文件输入;1:交互式输入[1]');
```

```
  if size(input_mode)==[0 0];input_mode=1;end;
  fw=input('输入二进制数据文件名:[node.dat]: ','s')
    if size(fw)==[0 0]
    fw='node.dat';
  end
else
  input_mode=0;
end

  if input_mode==0 %文件输入数据
    %判断 DWG 文件名是否存在。
  if exist('fo')==0
    fo=input('请输入 DWG 文件名:[t.dwg] ','s');
      if size(fo)==[0 0];fo='t.dwg';end;
    end
  %尝试打开 DWG 文件
ft=fopen(fo,'w+');
  if ft==-1
      fprintf('错误,打不开 %s 文件。\n',fo)
      return;
  end
  fclose(ft);

  %打开数据文件
  fp=fopen(fw,'r');
if fp==-1
    fprintf('错误,相关路径中无%s 文件。\n',fw);
    return;
end
    xp=fread(fp,41,'float');
  fclose(fp);
% data1(模式、网格尺寸及柱参数)
datc=num2cell(xp(1:10));%数字矩阵变元胞矩阵
[type,gr,sh,sb,h,ga2,gb2,gh2,ga1,gb1]=deal(datc{:}); %对应赋值
 datc=num2cell(xp(11:17));%数字矩阵变元胞矩阵
[gh1,sgx,sgy1,sgy2,sgy,sgx1,sgx2]=deal(datc{:}); %对应赋值

% data 2(梁参数)
datc=num2cell(xp(18:25));%数字矩阵变元胞矩阵
[bh1,bb1,bd1,bs1,bh2,bb2,bd2,bs2]=deal(datc{:}); %对应赋值
datc=num2cell(xp(26:33));%数字矩阵变元胞矩阵
[bh3,bb3,bd3,bs3,bh4,bb4,bd4,bs4]=deal(datc{:}); %对应赋值
```

```
%data 3（斜撑参数）
datc=num2cell(xp(34:41));%数字矩阵变元胞矩阵
[xch1,xcb1,xcd1,xca1,xch2,xcb2,xcd2,xca2]=deal(datc{:}); %对应赋值


else %交互式输入数据
    fo=input('请输入 DWG 文件名:[t.dwg] ','s');
if size(fo)==[0 0];fo='t.dwg';end;


ft=fopen(fo,'w+');
  if ft==-1
        fprintf('错误,打不开 %s 文件。\n',fo)
        return
  end
  fclose(ft);
以下源代码省略。
```

2.2 钢框架-支撑结构节点参数化设计的应用实例

1）基本情况

某钢结构住宅项目，地下室采用钢筋混凝土结构，裙房采用钢框架结构，塔楼采用钢框架-中心支撑结构，其典型结构布置平面如图 2.2-1 所示。

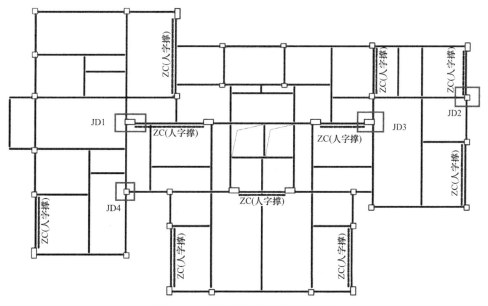

图 2.2-1 某钢结构住宅平面示意图

2）分析目的

通过有限元计算分析，验证节点设计能否满足强度要求。

3）分析方法

采用上述程序，输入节点相关尺寸参数，自动生成节点的壳元几何模型，将其导入MIDAS Gen 软件，建立相关梁单元与节点壳元的有限元模型。梁单元和壳单元采用刚性连接方式连接，梁单元节点设为主节点，相连壳单元节点设为从节点。在梁单元节点设置边界条件或施加不利工况的荷载，分析节点壳元的应力情况，观察节点隔板及加劲板的等效应力比，调整隔板及加劲板的形状和厚度，以满足节点的强度要求。

4）具体过程

在图 2.2-1 中选出 4 个具有代表性的典型节点，即 JD-1、JD-2、JD-3、JD-4。JD-1 与四个方向梁单元和两个方向斜撑连接，JD-2 与三个方向梁和一个方向斜撑连接，JD-3 与两个方向梁和一个方向斜撑连接，JD-4 与三个方向梁连接。

（1）单元选择、网格划分及网格尺寸

节点范围内采用壳元，其网格尺寸为 10mm；节点范围外采用梁单元，梁单元与板单元之间的连接采用主从节点的刚性连接。

（2）几何模型

采用上述程序生成多个节点的 AutoCAD 几何模型，将其导入 MIDAS Gen 后，赋予单元材料与截面等，形成节点壳元有限元模型，如图 2.2-2 所示。为防止横隔板在内部角点位置应力集中，隔板内部角点网格采用圆弧过渡，其节点内横隔板及竖隔板的布置如图 2.2-3 所示。

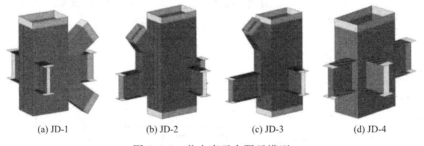

(a) JD-1　　　　(b) JD-2　　　　(c) JD-3　　　　(d) JD-4

图 2.2-2　节点壳元有限元模型

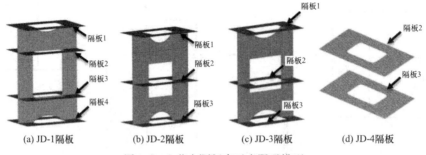

(a) JD-1隔板　　　(b) JD-2隔板　　　(c) JD-3隔板　　　(d) JD-4隔板

图 2.2-3　节点隔板壳元有限元模型

（3）材料、截面及约束条件

材料取 Q355 钢材；梁、柱及斜撑的截面尺寸均取整体分析模型的相应截面尺寸，壳元板件厚度初拟 20mm；约束条件为节点区柱底部节点全部自由度固定约束。

（4）矩形钢管混凝土柱内力的分配计算

节点分析时，仅建立钢柱的模型，故需要计算钢管所承担的内力，以其作为荷载。钢管混凝土柱中钢管所承担的荷载按下列公式计算：

① 轴向力的分配

$$N_s = \frac{A_s E_s}{A_c E_c + A_s E_s} N$$

式中：N_s 为钢管承担的轴向力，N 为钢管混凝土柱的轴向力，A_s 为钢管的截面面积，E_s 为钢管的弹性模量，A_c 为钢管内混凝土的截面面积，E_c 为钢管内混凝土的弹性模量。

② 弯矩的分配

$$M_s = \frac{E_s I_s}{E_s I_s + 0.6 E_c I_c} M$$

式中：M_s 为钢管承担的弯矩，M 为钢管混凝土柱的弯矩，I_s 为钢管的截面惯性矩，I_c 为钢管内混凝土的截面惯性矩。考虑到在构件弯曲过程中受拉区混凝土的开裂，$E_c I_c$ 随加载过程衰减，因此乘以 0.6 的系数。

③ 剪力的分配

$$V_s = \frac{G_s A_s}{G_s A_s + G_c A_c} V$$

式中：V_s 为钢管承担的剪力，V 为钢管混凝土柱的剪力，G_s 为钢管的剪切模量，G_c 为钢管内混凝土的剪切模量。

（5）节点荷载

查找整体分析结果中各节点最不利工况下的内力，按上述分配后，作为局部有限元模型中钢结构梁单元的节点荷载。经分析，本项目的最大内力由地震工况控制，计算中选取以下四种工况进行计算：

(a) 1.2DL＋0.6LL＋1.3EX　　(b) 1.2DL＋0.6LL－1.3EX

(c) 1.2DL＋0.6LL＋1.3EY　　(d) 1.2DL＋0.6LL－1.3EY

（6）计算结果

JD-1 节点在工况（a）下各处等效应力情况如图 2.2-4 所示，设计人员需要判断节点等效应力比是否满足预定要求。若不满足要求，则可调整壳元的板件厚度，再次进行分析，直至满足要求为止。其他节点情况类似，不再赘述。

5）分析结论

根据上述有限元分析结果，并结合施工等要求，隔板尺寸与厚度按下述内容取值（图 2.2-5），可保证节点 Mises 等效应力的应力比小于 0.85，满足预定要求。

（1）横隔板的伸出长度取 200mm，伸出宽度取 100mm。

（2）竖隔板的水平向伸出宽度取 200mm，竖向伸出长度取 150mm。

（3）竖隔板上、下两端弧形开孔宽度为 50mm。

（4）竖隔板及横隔板洞口的倒角半径取 50mm。

（5）隔板厚度均取 20mm。

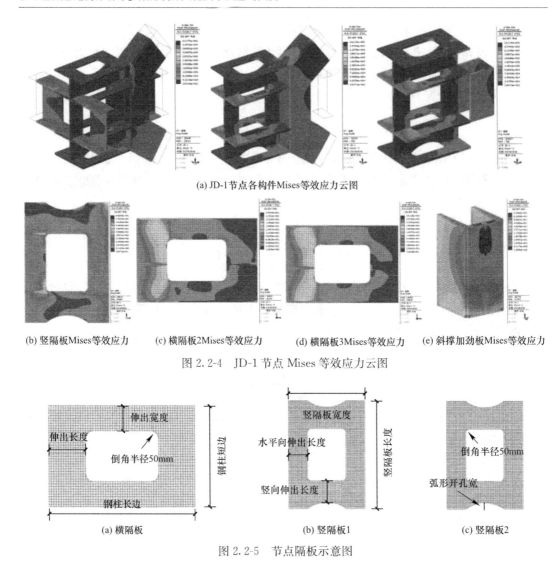

(a) JD-1节点各构件Mises等效应力云图

(b) 竖隔板Mises等效应力　(c) 横隔板2Mises等效应力　(d) 横隔板3Mises等效应力　(e) 斜撑加劲板Mises等效应力

图 2.2-4　JD-1 节点 Mises 等效应力云图

图 2.2-5　节点隔板示意图

2.3　箱式旋转钢楼梯与悬挑钢楼梯的参数化设计

1) 简介

在楼梯中，旋转钢楼梯与悬挑钢楼梯不仅外观灵动，而且受力性能好、易于施工。但是旋转钢楼梯与悬挑钢楼梯的分析与设计较为复杂，要解决这个问题，可采用壳单元进行较精确的有限元分析。然而按传统的方法进行壳单元的建模，其过程过于复杂，使得结构设计人员望而生畏。针对此问题，开发了旋转钢楼梯与悬挑钢楼梯的参数化设计程序，其开发目的不仅是迅速给出箱式旋转钢楼梯与悬挑钢楼梯的建筑造型三维图与结构布置三维图，而且是为了让结构设计人员能够轻松地建立壳元分析的几何模型。利用上述的 SCR接口函数，输入必要的几何参数，用户可使用本程序直接、快速地形成如图 2.3-1、图 2.3-3、图 2.3-5、图 2.3-7 所示的壳元几何模型。之后，导入结构分析软件 Midas Gen，输入必要的数据，进行结构分析，其结果如图 2.3-2、图 2.3-4、图 2.3-6、图 2.3-8 所示。

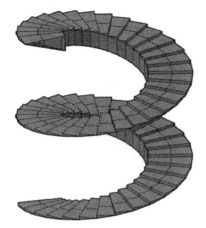

图 2.3-1　无休息平台箱式
旋转钢楼梯三维图

图 2.3-2　无休息平台箱式旋转钢楼梯分析结果图

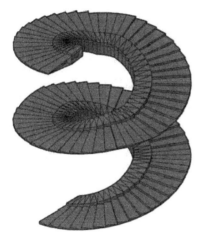

图 2.3-3　有休息平台箱式
旋转钢楼梯三维图

图 2.3-4　有休息平台箱式旋转钢楼梯分析结果图

图 2.3-5　2 跑悬挑钢楼梯三维图

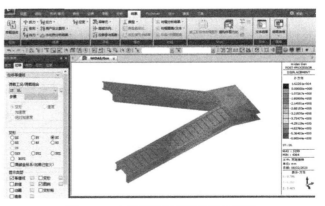

图 2.3-6　2 跑悬挑钢楼梯分析结果图

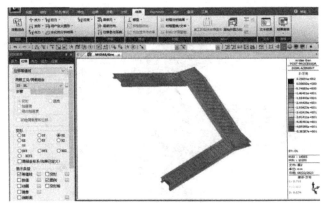

图 2.3-7　3 跑悬挑钢楼梯三维图　　　　　图 2.3-8　3 跑悬挑钢楼梯分析结果图

2）过程及要点

（1）箱式旋转钢楼梯与悬挑钢楼梯，不但满足交通功能，而且造型独特，具有独特的美观价值。

（2）箱式旋转钢楼梯与悬挑钢楼梯空间受力，具有较大的承载力与刚度，可满足安全性能与使用性能的要求。

（3）采用钢构件，符合装配化的目标与理念。

（4）单元类型均为壳单元，且大部分单元的尺寸相同，符合标准化的思想。

（5）程序采用 MATLAB 与 AutoCAD 中 SCR 接口函数，可充分利用 AutoCAD 的三维造型与编辑等功能，不仅可形成楼梯的几何模型，而且可形成楼梯的分析模型。

（6）采用 grf.lsp，形成水平面的集合，并指定不同的层，以便在 MIDAS Gen 指定不同的厚度。

3）主要模块的源代码

rst0.m 程序的源代码如下：

```
% 本程序 rst0.m 为无休息平台箱式旋转钢楼梯的参数化设计程序。
echo off all
clear all
  fo=input('请输入 SCR 文件名:[d:\\tt\\tt.scr] ','s')
  if size(fo)==[0 0];fo='d:\tt\tt.scr';end;
  fod=fopen(fo,'w');
  if fod==-1
      fprintf('不能打开此文件(%s),请重新输入路径与文件名! \n',fo)
    return;
  end
  fprintf(fod,'setvar osmode 0\n'); %osnap 节点捕捉不起作用
  fprintf(fod,'grid off\n'); %关闭网格
    acolor(fod,7);  %设置图形的颜色

  p0=input('圆心点坐标?[0,0,0]');
```

```
if size(p0)==[0 0];p0=[0,0,0];end;

  hh=input('楼梯高度?[8000]');
  if size(hh)==[0 0];hh=8000;end;

  dh=input('踏步高度?[100]');
  if size(dh)==[0 0];dh=100;end;

  nh=fix(hh/dh);
  dh=hh/nh;

  ha=input('踏步下结构高度?[400]');
  if size(ha)==[0 0];ha=400;end;

  ds=input('踏步宽度?[300]');
  if size(ds)==[0 0];ds=300;end;

  bb=input('楼梯宽度?[1500]');
  if size(bb)==[0 0];bb=1500;end;

  ir=input('踏步宽度方向上的斜率?[0]');
  if size(ir)==[0 0];ir=0;end;

  r=input('内环半径?[1500]');
if size(r)==[0 0];r=1500;end;

  rd=input('逆时钟方向上升?[-1]');
if size(rd)==[0 0];rd= -1;end;

bb1=input('肋板到内端距离?[800]');
  if size(bb1)==[0 0];bb1=800;end;

da=ds/r;
ang=nh*da;
kh=hh/ang;

for n=1:nh+1
    at=rd*da*(n-1);
    ht=abs(at*kh);

  p1=p0+[r*sin(at),r*cos(at),ht];
  p2=p1+[bb*sin(at),bb*cos(at),bb*ir];
```

```
at1=rd*da*n;
ht1=abs(at1*kh);
p4=p0+[r*sin(at1),r*cos(at1),ht];
p3=p4+[bb*sin(at1),bb*cos(at1),bb*ir];
p5=p0+[r*sin(at),r*cos(at),ht-dh-ha];
p6=p0+[r*sin(at1),r*cos(at1),ht1-dh-ha];
p7=p5+[0,0,ha];
p8=p7+[bb*sin(at),bb*cos(at),bb*ir];

rr=p2-p1;rr=rr/norm(rr);
pp1=p1+rr*bb1;
rr=p3-p4;rr=rr/norm(rr);
pp2=p4+rr*bb1;
pp3=(pp1+pp2)/2;
ppt=pp3-[0,0,ha];
pp4=gcp1(p6,p3,pp2,pp1,ppt);  %求交点
pp5=gcp1(p6,p8,pp2,pp1,ppt);
pp6=gcp1(p5,p8,pp2,pp1,ppt);
pp7=gcp1(p7,p8,pp2,pp1,ppt);

%面板
pp=[p1;pp1;pp2;p4];
a3dface(fod,'0',pp);
pp=[p2;p3;pp2;pp1];
a3dface(fod,'0',pp);
%底板

pp=[p5;pp6;pp5;p6];
a3dface(fod,'2',pp);
pp=[pp6;p8;pp5;pp6];
a3dface(fod,'2',pp);

pp=[p6;pp4;pp5;p6];
a3dface(fod,'2',pp);
pp=[p8;p3;pp4;pp5];
a3dface(fod,'2',pp);
%上侧板

pp=[p1;pp1;pp7;p7];
a3dface(fod,'2',pp);
pp=[pp1;p2;p8;pp7];
a3dface(fod,'2',pp);
```

```
%下侧板

pp=[p7;pp7;pp6;p5];
a3dface(fod,'2',pp);
pp=[pp7;p8;pp6;pp7];
a3dface(fod,'2',pp);
%左端板
pp=[p1;p4;p7;p1];
a3dface(fod,'3',pp);
pp=[p7;p4;p6;p5];
a3dface(fod,'3',pp);


%右端板
pp=[p8;p2;p3;p8];
a3dface(fod,'3',pp);


acolor(fod,1);
    %竖肋板

pp=[pp1;pp2;pp7;pp1];
a3dface(fod,'4',pp);


pp=[pp2;pp7;pp4;pp2];
a3dface(fod,'4',pp);


pp=[pp4;pp5;pp7;pp4];
a3dface(fod,'4',pp);


pp=[pp5;pp6;pp7;pp5];
a3dface(fod,'4',pp);

%斜肋板
pp=[p7;p4;pp7;p7];
a3dface(fod,'4',pp);
pp=[p4;pp2;pp7;p4];
a3dface(fod,'4',pp);


acolor(fod,7);

end
azme(fod);%显示全部图形
fclose(fod);
```

```
fprintf('\n Ok,%s 文件已经形成。',fo);
  fprintf('\n 楼梯高度=%d(mm)',hh);
  fprintf('\n 总台阶级数=%d',nh);
  fprintf('\n 踏步高度=%d(mm)',dh);
  fprintf('\n 踏步下结构高度=%d(mm)',ha);
  fprintf('\n 踏步宽度=%d(mm)',ds);
  fprintf('\n 楼梯宽度=%d(mm)',bb);
  fprintf('\n 内环半径=%d(mm)',r);
  fprintf('\n 肋板到内端距离=%d(mm)',bb1);
  fprintf('\n 总旋转角度%d(度)',ang* 180/pi);
   fprintf('\n 单个踏步对应的角度%d(度)\n',da* 180/pi);


function cp =gcp(p1,p2,p3,p4)
% 求平面直线的交点
r1=p2-p1;
r1=r1/norm(r1);
r2=p4-p3;
r2=r2/norm(r2);
sita=abs(acos(dot(r1,r2)));
if abs(sita) >pi*0. 5
  sita=pi-abs(sita);
end
if sita==0
cp=[];
else
 n=cross(r1,r2);
 n=n/norm(n);
 n1=cross(n,r1);
 n1=n1/norm(n1);
 r3=p1-p3;
 d=abs(dot(r3,n1));
 if dot(r1,r2) <=0
cp=p3+n1*d-r1*d/tan(sita);
 else
cp=p3+n1*d+r1*d/tan(sita);
 end
end


function cp =gcp1(p1,p2,p3,p4,p5)
% 本函数的功能:求直线 p1p2 与面 p3p4p5 的交点。
r12=p2-p1;
r12=r12/norm(r12);
```

```
r34=p4-p3;
r34=r34/norm(r34);
r35=p5-p3;
r35=r35/norm(r35);
n=cross(r34,r35);n=n/norm(n);
sita=abs(acos(dot(r12,n)));

if abs(sita) >pi*0.5
  sita=pi-abs(sita);
end
d13=abs(dot((p3-p1),n)); %法向投影距离
s=d13/cos(sita);
d23=abs(dot((p3-p2),n));
d12=abs(dot((p2-p1),n));
if sita==0.5*pi %直线 p1p2 与面 p3p4p5 平行
 cp=[];
else　%直线 p1p2 与面 p3p4p5 相交
if d13+d23>d12 %同侧
    if d13<d23　%矢量 r12 离开面而去
      cp=p1-r12*s;
    else　　%矢量 r12 射向面而去
      cp=p1+r12*s;
    end
else　　%异侧
    cp=p1+r12*s;
 end
end
```

rst.m 程序的源代码如下：

```
%本程序 rst.m 为有休息平台箱式旋转钢楼梯的参数化设计程序。
echo off all
clear all

fo=input('请输入 SCR 文件名:[d:\\tt\\tt.scr] ','s')
  if size(fo)==[0 0];fo='d:\tt\tt.scr';end;
  fod=fopen(fo,'w');
if fod==-1
    fprintf('不能打开此文件(%s),请重新输入路径与文件名! \n',fo)
   return;
  end
  fprintf(fod,'setvar osmode 0\n'); %osnap 节点捕捉不起作用
  fprintf(fod,'grid off\n'); %关闭网格
```

```
acolor(fod,7);   %设置图形的颜色

p0=input('圆心点坐标?[0,0,0]');
if size(p0)==[0 0];p0=[0,0,0];end;

hh=input('楼梯高度?[8000]');
if size(hh)==[0 0];hh=8000;end;

dh=input('踏步高度?[100]');
if size(dh)==[0 0];dh=100;end;

nh=fix(hh/dh);
dh=hh/nh;

ha=input('边箱梁高度?[600]');
if size(ha)==[0 0];ha=600;end;

bb1=input('边箱梁宽度?[800]');
if size(bb1)==[0 0];bb1=800;end;

ds=input('踏步宽度?[314]');
if size(ds)==[0 0];ds=314;end;

bb=input('楼梯宽度?[1800]');
if size(bb)==[0 0];bb=1800;end;

r=input('内环半径?[1500]');
if size(r)==[0 0];r=1500;end;

rd=input('逆时钟方向上升?[-1]');
if size(rd)==[0 0];rd=-1;end;

rest=input('是否设休息平台?[1]');
if size(rest)==[0 0];rest=1;end;

if rest ==1

nst=input('休息平台的级第数组?[16,32,48,64]');
if size(nst)==[0 0];nst=[16,32,48,64];end;
dst=input('休息平台宽度?[1250]');
if size(dst)==[0 0];dst=1250;end;
nf=input('休息平台细分格数?[5]');
```

```
  if size(nf)==[0 0];nf=5;end;
   end

da0=ds/(r+bb1);
da=da0;
kh=hh/nh;
at=0;
ht=0;
for n=1:nh+1

    %if rem(n,nst)==0
    if rest==1
    if length(find(nst==n))>0
        da=dst/(r+bb1);
        daf=da/nf;
        dhf=dh/nf;

        atf=at;
        htf=ht;

         for npt=1:nf

            atf1=atf+rd*daf;
            dhf=dh/nf;
           htf1=htf+dhf;

        p1=p0+[r*sin(atf),r*cos(atf),htf];
        p2=p1+[bb1*sin(atf),bb1*cos(atf),0];

      p4=p0+[r*sin(atf1),r*cos(atf1),htf1];
      p3=p4+[bb1*sin(atf1),bb1*cos(atf1),0];

      p5=p1-[0,0,ha];
      p6=p2-[0,0,ha];
       p7=p3-[0,0,ha];
       p8=p4-[0,0,ha];

      if npt==1
        htf2=ht-dh;
        htt=htf2;
        dhf1=dh;
      else
```

```
    htf2=htt;
    dhf1=dhf;
    end

    q1=[p2(1),p2(2),htf2];
    q2=[p3(1),p3(2),q1(3)];
    q3=q2+[bb*sin(atf1),bb*cos(atf1),0];
    q4=q1+[bb*sin(atf),bb*cos(atf),0];
    q5=q4-[0,0,dh-(npt-1)*dhf];
    q6=[p1(1),p1(2),q1(3)];
    q7=[p4(1),p4(2),q1(3)];
    q8=q3-[0,0,dh-npt*dhf];

    acolor(fod,1);
%箱梁面板
    pp=[p1;p2;p3;p1];
    a3dface(fod,'0',pp);
    pp=[p3;p4;p1;p3];
    a3dface(fod,'0',pp);
%箱梁底板
    pp=[p5;p6;p7;p5];
    a3dface(fod,'0',pp);
    pp=[p7;p8;p5;p7];
    a3dface(fod,'0',pp);
%箱梁左侧板
    pp=[q6;q7;p8;p5];
    a3dface(fod,'0',pp);
    pp=[p1;p4;q7;q6];
    a3dface(fod,'0',pp);
%箱梁右侧板
    pp=[p2;p3;q2;q1];
    a3dface(fod,'0',pp);
    pp=[q1;q2;p7;p6];
    a3dface(fod,'0',pp);
    acolor(fod,7);
      %箱梁端板
      if n>1
    pp=[p1;p2;q1;q6];
    a3dface(fod,'0',pp);
    pp=[q6;q1;p6;p5];
    a3dface(fod,'0',pp);
      end
```

```
%箱梁水平肋板
pp=[q1;q2;q7;q6];
a3dface(fod,'1',pp);

    if length(find(nst==n))>0

    acolor(fod,4);
else
 acolor(fod,7);
end
%踏步顶板
pp=[q1;q2;q3;q4];
a3dface(fod,'1',pp);
%踏步底板
pp=[p6;p7;q8;p6];
a3dface(fod,'1',pp);
 pp=[p6;q5;q8;p6];
a3dface(fod,'1',pp);
 %踏步端板
 if n>1
pp=[q1;q4;q5;p6];
a3dface(fod,'1',pp);
 end
%踏步侧板

pp=[q3;q4;q5;q8];
a3dface(fod,'1',pp);

    atf=atf+rd*daf;
    htf=htf+dhf;
    end

    at=at+rd*da;
    ht=ht+dh;
    da=da0;
    continue

else
    da=da0;
end
end %rst
```

```
p1=p0+[r*sin(at),r*cos(at),ht];
p2=p1+[bb1*sin(at),bb1*cos(at),0];
at1=at+rd*da;
if n<nh+1
ht1=ht+dh;
hat=ha;
else
ht1=ht;
hat=ha-dh;
end

p4=p0+[r*sin(at1),r*cos(at1),ht1];
p3=p4+[bb1*sin(at1),bb1*cos(at1),0];
p5=p1-[0,0,ha];
p6=p2-[0,0,ha];
p7=p3-[0,0,hat];
p8=p4-[0,0,hat];
q1=[p2(1),p2(2),ht-dh];
q2=[p3(1),p3(2),q1(3)];
q3=q2+[bb*sin(at1),bb*cos(at1),0];
q4=q1+[bb*sin(at),bb*cos(at),0];
q5=q4-[0,0,dh];
q6=[p1(1),p1(2),q1(3)];
q7=[p4(1),p4(2),q1(3)];
acolor(fod,1);
%箱梁面板
pp=[p1;p2;p3;p1];
a3dface(fod,'0',pp);
pp=[p3;p4;p1;p3];
a3dface(fod,'0',pp);
%箱梁底板
pp=[p5;p6;p7;p5];
a3dface(fod,'0',pp);
pp=[p7;p8;p5;p7];
a3dface(fod,'0',pp);
%箱梁左侧板
pp=[q6;q7;p8;p5];
a3dface(fod,'0',pp);
pp=[p1;p4;q7;q6];
a3dface(fod,'0',pp);
%箱梁右侧板
pp=[p2;p3;q2;q1];
```

```
a3dface(fod,'0',pp);
pp=[q1;q2;p7;p6];
a3dface(fod,'0',pp);
 acolor(fod,7);
   %箱梁端板
   if n>1
pp=[p1;p2;q1;q6];
a3dface(fod,'0',pp);
pp=[q6;q1;p6;p5];
a3dface(fod,'0',pp);
   end
%箱梁水平肋板
pp=[q1;q2;q7;q6];
a3dface(fod,'1',pp);
if rest==1
 if length(find(nst==n))>0
   acolor(fod,4);
 else
   acolor(fod,7);
 end
end
%踏步顶板
pp=[q1;q2;q3;q4];
a3dface(fod,'1',pp);
%踏步底板
pp=[p6;p7;q3;p6];
a3dface(fod,'1',pp);
 pp=[p6;q5;q3;p6];
a3dface(fod,'1',pp);
 %踏步端板
 if n>1
pp=[q1;q4;q5;p6];
a3dface(fod,'1',pp);
 end

 %踏步侧板
 pp=[q3;q4;q5;q3];
 a3dface(fod,'1',pp);

at=at+rd*da;
ht=ht+dh;
```

```
    end
azme(fod);
  fclose(fod);

  fprintf('\n Ok,%s 文件已经形成。',fo);

  fprintf('\n 楼梯高度=%d(mm)',hh);
  fprintf('\n 总台阶级数=%d',nh);
    fprintf('\n 踏步高度=%d(mm)',dh);
  fprintf('\n 踏步最小宽度=%d(mm)',ds);
  fprintf('\n 楼梯宽度=%d(mm)',bb);
  fprintf('\n 边箱梁高度=%d(mm)',ha);
  fprintf('\n 边箱梁宽度=%d(mm)',bb1);

  if rest>0
    fprintf('\n 休息平台所在级数=%d',nst);
    fprintf('\n 休息平台宽度=%d(mm)',dst);
    fprintf('\n 休息平台细分个数=%d',nf);
  end
  fprintf('\n 内环半径=%d(mm)',r);
  fprintf('\n 总旋转角度%d(度)',abs(at*180/pi));
  fprintf('\n 单个踏步对应的角度%d(度)\n',da0*180/pi);
```

cst.m 程序的源代码如下：

```
% 本程序 cst.m 为悬挑钢楼梯的参数化设计程序。
echo off all
clear all

fo=input('请输入 SCR 文件名:[d:\\tt\\tt.scr] ','s')
  if size(fo)==[0 0];fo='d:\tt\tt.scr';end;
  fod=fopen(fo,'w');
  if fod==-1
     fprintf('不能打开此文件(%s),请重新输入路径与文件名! \n',fo)
    return;
  end
  fprintf(fod,'setvar osmode 0\n'); %osnap 节点捕捉不起作用
  fprintf(fod,'grid off\n'); %关闭网格
    acolor(fod,7);   %设置图形的颜色
mode=input('参数输入方式(1:单个参数输入;2:数组参数输入;3:文件参数输入。)?[2]');
  if size(mode)==[0 0];mode=2;end;

  ps=input('悬挑钢楼梯左下点定位坐标?[0,0,0]');
```

```
if size(ps)==[0 0];ps=[0,0,0];end;
 ps=[0,0,0];

if mode==1
    hs1=input('第一跑楼梯高度?(-5000~5000)[2000]');
 if size(hs1)==[0 0];hs1=2000;end;
  ls1=input('第一跑楼梯长度?(1500~9000)[6000]');
 if size(ls1)==[0 0];ls1=6000;end;
   bs1=input('第一跑楼梯宽度?(600~2100)[1200]');
 if size(bs1)==[0 0];bs1=1200;end;
   dh1=input('第一跑踏步高度?(100~200)[100]');
 if size(dh1)==[0 0];dh1=100;end;
   db1=input('第一跑踏步宽度?(200~400)[300]');
 if size(db1)==[0 0];db1=300;end;
   ds1=input('第一跑梁折距离?(100~400)[300]');
 if size(ds1)==[0 0];ds1=300;end;
    hs2=input('第二跑楼梯高度?(-5000~5000)[2000]');
 if size(hs2)==[0 0];hs2=2000;end;
  ls2=input('第二跑楼梯长度?(100~9000)[6000]');
 if size(ls2)==[0 0];ls2=6000;end;
  bs2=input('第二跑楼梯宽度?(600~2100)[1200]');
 if size(bs2)==[0 0];bs2=1200;end;
  dh2=input('第二跑踏步高度?(100~200)[100]');
 if size(dh2)==[0 0];dh2=100;end;
  db2=input('第二跑踏步宽度?(200~400)[300]');
 if size(db2)==[0 0];db2=300;end;
   ds2=input('第二跑梁折距离?(100~400)[300]');
 if size(ds2)==[0 0];ds2=300;end;

hs3=input('第三跑楼梯高度?(-5000~5000)[2000]');
 if size(hs3)==[0 0];hs3=2000;end;
ls3=input('第三跑楼梯长度?(1500~9000)[6000]');
 if size(ls3)==[0 0];ls3=6000;end;
 bs3=input('第三跑楼梯宽度?(600~2100)[1200]');
 if size(bs3)==[0 0];bs3=1200;end;
 dh3=input('第三跑踏步高度?(100~200)[100]');
 if size(dh3)==[0 0];dh3=100;end;
db3=input('第三跑踏步宽度?(200~400)[300]');
 if size(db3)==[0 0];db3=300;end;
ds3=input('第三跑梁折距离?(100~400)[300]');
 if size(ds3)==[0 0];ds3=300;end;
```

```
    nh1=fix(abs(hs1/dh1));
    nh2=fix(abs(hs2/dh2));
    nh3=fix(abs(hs3/dh3));

    hb=input('槽钢梁高度?(200~600)[400]');
    if size(hb)==[0 0];hb=400;end;
      bb=input('槽钢梁宽度?(200~300)[200]');
    if size(bb)==[0 0];bb=200;end;
     t1=input('槽钢翼缘厚度?(8~20)[10]');
    if size(t1)==[0 0];t1=10;end;
      t2=input('槽钢腹板厚度?(8~20)[10]');
    if size(t2)==[0 0];t2=10;end;
     ts=input('踏步板件厚度?(6~10)[6]');
    if size(ts)==[0 0];ts=6;end;
     tp=input('平台板厚度?[10]');
    if size(tp)==[0 0];tp=10;end;
      nr=input('平台板加肋道数?[2]');
    if size(nr)==[0 0];nr=2;end;
      hr=input('肋板高度?[100]');
    if size(hr)==[0 0];hr=100;end;
      tr=input('肋板厚度?[10]');
    if size(tr)==[0 0];tr=10;end;
  end

  if mode==2
  dat=input('第一跑楼梯高度、长度、宽度、踏步高度、踏步宽度、梁折距离?...
[-2000,6000,1200,100,300,300]');
    if size(dat)==[0 0];dat=[-2000,6000,1200,100,300,300];end;
    hs1=dat(1); ls1=dat(2); bs1=dat(3); dh1=dat(4);db1=dat(5);ds1=dat(6);
    fprintf('仅两跑时 dat=[0,0,bs2(宽度),0,0,ds2(梁折距离 250~300)]\n');
    dat=input('第二跑楼梯高度、长度、宽度、踏步高度、踏步宽度、梁折距离?...
    [-2000,6000,1200,100,300,300]');
    if size(dat)==[0 0];dat=[-2000,6000,1200,100,300,300];end;
    hs2=dat(1); ls2=dat(2); bs2=dat(3); dh2=dat(4);db2=dat(5);ds2=dat(6);
    dat=input('第三跑楼梯高度、长度、宽度、踏步高度、踏步宽度、梁折距离?...
[-2000,6000,1200,100,300,300]');
    if size(dat)==[0 0];dat=[-2000,6000,1200,100,300,300];end;
    hs3=dat(1); ls3=dat(2); bs3=dat(3); dh3=dat(4);db3=dat(5);ds3=dat(6);
    dat=input('平台板厚度、平台板加肋道数、肋板高度、肋板厚度?[10,2,100,10]');
    if size(dat)==[0 0];dat=[10,2,100,10];end;
    tp=dat(1); nr=dat(2); hr=dat(3); tr=dat(4);
    nh1=fix(abs(hs1/dh1));
```

```
nh2=fix(abs(hs2/dh2));
nh3=fix(abs(hs3/dh3));


dat=input('槽钢梁高度、宽度、槽钢翼缘厚度、槽钢腹板厚度、…
          踏步板件厚度?[400,200,10,10,6]');
if size(dat)==[0 0];dat=[400,200,10,10,6];end;
 hb=dat(1); bb=dat(2); t1=dat(3); t2=dat(4);ts=dat(5);
end


 s=sign(hs1);
as1=abs(atan(hs1/ls1));%第一跑楼梯水平倾角
dz0=hb/2/cos(as1);%梁轴线端点至相应平台的高差
dy1=hb/2*tan(as1/2);%斜梁转水平梁时,中线转点与外围线转点的水平距离。
dz1=hb/2;


%外围梁
p3=[0,-hb,-dz0-hb*hs1/ls1;%延伸点
    0,0,-dz0; %起点
    0,ls1+s*dy1,hs1-dz1;%折点
    0,ls1+ds1,hs1-dz1;%偏折点
    0, ls1+ds1+bs2+t2,hs1-dz1;%左上角点
    bs1+t2,ls1+ds1+bs2+t2,hs1-dz1;%偏折点
    bs1+t2+ds2,ls1+ds1+bs2+t2,hs1-dz1;%折点
    bs1+t2+ds2+ls2,ls1+ds1+bs2+t2,hs1+hs2-dz1;%折点
    bs1+t2+ds2+ls2+ds2,ls1+ds1+bs2+t2,hs1+hs2-dz1;%偏折点
    bs1+t2+ds2+ls2+ds2+bs3+t2,ls1+ds1+bs2+t2,hs1+hs2-dz1;%右上角点
    bs1+t2+ds2+ls2+ds2+bs3+t2,ls3+ds3,hs1+hs2-dz1; %偏折点
    bs1+t2+ds2+ls2+ds2+bs3+t2,ls3-s*dy1,hs1+hs2-dz1;  %折点
    bs1+t2+ds2+ls2+ds2+bs3+t2,0,hs1+hs2+hs3-dz0;%终点
    bs1+t2+ds2+ls2+ds2+bs3+t2,-hb,hs1+hs2+hs3-dz0+hb*hs3/ls3];%延伸点


%平移
p0=[0,0,0];
m=1 %槽钢
t3=t1;
ang=0;
za=[0,ls1,hs1];

adumbv(fod,'0','1',p0,m,hb,bb,t1,t2,t3,ang,za,p3); %外围梁曲面与实体
md=0;
dr=100;
np=3;
```

```
p3(end,:)=[];
p3(1,:)=[];
apoly(fod,'2',p3);%外围梁折线

  %第二跑右边梁
  p3=[0,ls1+ds1,hs1-dz1;%起点
    bs1+t2,ls1+ds1,hs1-dz1;%偏折点
    bs1+t2+ds2,ls1+ds1,hs1-dz1;%折点
      bs1+t2+ds2+ls2,ls1+ds1,hs1+hs2-dz1;%折点
      bs1+t2+ds2+ls2+ds2,ls1+ds1,hs1+hs2-dz1;%偏折点
    bs1+t2+ds2+ls2+ds2+bs3+t2,ls1+ds1,hs1+hs2-dz1];%终点

  ang=180;
  za=[1,0,0];
  adumbv(fod,'tem','1',p0,m,hb,bb,t1,t2,t3,ang,za,p3);%外围梁曲面与实体
  apoly(fod,'2',p3);%右边梁折线

  fprintf(fod,'(setq sg (ssget "all" (list (cons 0 "SWEPTSURFACE") …
  (cons 8 "tem")))))\n');

  er=0;
  p0t=[bs1+t2+(bb-t2/2)/2,ls1+ds1-(bb-t2/2)/2-er,-5*ls1]
  p3t=[bs1+t2+(bb-t2/2)/2,ls1+ds1-(bb-t2/2)/2-er,-5*ls1;
      bs1+t2+(bb-t2/2)/2,ls1+ds1-(bb-t2/2)/2-er,5*ls1;
      bs1+t2+ds2+ls2+ds2-(bb-t2/2)/2,ls1+ds1-(bb-t2/2)/2-er,5*ls1;
      bs1+t2+ds2+ls2+ds2-(bb-t2/2)/2,ls1+ds1-(bb-t2/2)/2-er,-5*ls1];
  zat=[0,0,1];

ahole(fod,'0',1,0,p0t,bb,bb-t2/2,0,zat,p3t);

p3t=[bs1+t2,ls1+ds1,hs1-t1/2;
    bs1+t2,ls1+ds1,hs1-hb+t1/2;
    bs1+t2+bb-t2/2,ls1+ds1,hs1-hb+t1/2;
    bs1+t2+bb-t2/2,ls1+ds1,hs1-t1/2];
a3dface(fod,'0',p3t);%补曲面

    p3t=[bs1+t2+ds2+ls2+ds2-(bb-t2/2),ls1+ds1,hs1+hs2-t1/2;
        bs1+t2+ds2+ls2+ds2-(bb-t2/2),ls1+ds1,hs1+hs2-hb+t1/2;
        bs1+t2+ds2+ls2+ds2,ls1+ds1,hs1+hs2-hb+t1/2;
        bs1+t2+ds2+ls2+ds2,ls1+ds1,hs1+hs2-t1/2];
a3dface(fod,'0',p3t);
af2s(fod,'0')%3DfaCE 变 surface
```

%第一跑右边梁

```
    p3=[bs1+t2,-hb,-dz0-hb*hs1/ls1;%延伸点
        bs1+t2,0,-dz0;%起点
      bs1+t2,ls1+s* dy1,hs1-dz1;%折点
      bs1+t2,ls1+ds1,hs1-dz1;%偏折点
      bs1+t2,ls1+ds1+bs2+t2,hs1-dz1];%终点

    ang=180;
    za=[0,ls1,hs1];
    adumbv(fod,'0','1',p0,m,hb,bb,t1,t2,t3,ang,za,p3);%外围梁曲面与实体

     p3(1,:)=[];%删除第一行
    apoly(fod,'2',p3);%右边梁折线
```

%第三跑右边梁

```
    p3=[bs1+t2+ds2+ls2+ds2,ls3+ds3+bs2+t2,hs1+hs2-dz1;%终点
        bs1+t2+ds2+ls2+ds2,ls3+ds3,hs1+hs2-dz1;       %偏折点
        bs1+t2+ds2+ls2+ds2,ls3-s*dy1,hs1+hs2-dz1;     %折点
        bs1+t2+ds2+ls2+ds2,0,hs1+hs2+hs3-dz0;%起点
        bs1+t2+ds2+ls2+ds2,-hb,hs1+hs2+hs3-dz0+hb*hs3/ls3];%延伸点

    ang=0;
    za=[0,1,0];
    adumbv(fod,'0','1',p0,m,hb,bb,t1,t2,t3,ang,za,p3);%外围梁曲面与实体

    p3(end,:)=[];%删除最后一行
    apoly(fod,'2',p3);%右边梁折线

       L=(ls1+ls2+ls3);
      p0t=[0,-L/2,0];
    p3t=[0,-L/2,-L;
       0,-L/2,L];
```

```
fprintf(fod,'(setq sg (ssget "all" ))\n');
  ahole(fod,'0',1,1,p0t,L,2* L,0,zat,p3t);%切端部
```

%安装第一跑踏步板

```
    ls=ls1+ds1-(bb-t2/2);
  bs=bs1;
  ns=nh1;
```

```
    ds=ds1;
    dh=dh1;


if hs1>0 %往上走
  ps=[t2/2,0,0];%洞口左下角点
  rs=[0,1,0];
  astep(fod,'0','1',ps,rs,ls,bs,ns,ds,dh,ts,t2,1);    %0代表不设竖端板
else        %往下走
  ps=[bs1+t2/2,ls,hs1];%洞口右上角点
  rs=[0,-1,0];
  astep(fod,'0','1',ps,rs,ls,bs,ns,ds,dh,ts,t2,0);    %0代表不设竖端板
end


%安装第二跑踏步板
if abs(hs2)>0 %3跑
  ls=ls2+2*ds2-2*(bb-t2/2);
  bs=bs2;
  ns=nh2;
  ds=ds2;
  dh=dh2;


if hs3>0 %往右侧上

  ps=[bs1+t2+(bb-t2/2),ls1+ds1+t2/2+bs2,hs1];%洞口右上角点
  rs=[1,0,0];

else        %往左侧上
  ps=[bs1+t2+ds2+ls2+ds2-(bb-t2/2),ls1+ds1+t2/2,hs1+hs2];%洞口左下角点
  rs=[-1,0,0];
end

  astep(fod,'0','1',ps,rs,ls,bs,ns,ds,dh,ts,t2,1);    %1代表设竖端板
else %变2跑,安装小平台板,即填空洞。

pr=[t2/2+bs1+t2/2+bb-t2/2,ls1+ds1+t2/2,hs1];
rz=[0,0,1];
rr=[0,1,0];
rb=cross(rr,rz);
rb=rb/norm(rb);
lr=bs2;
br=2*ds2-2*(bb-t2/2);
nr=0;
```

```
hr=0;
tr=0;
aribpv(fod,'1',pr,rz,rr,lr,br,tp,nr,hr,tr);

  pr=pr-rz*t1/2-rr*t2/2;
  lr=bs2+t2;
  br=2*ds2-2*(bb-t2/2);
  nr=0;
  hr=0;
  tr=0;
  aribpu(fod,'0',pr,rz,rr,lr,br,nr,hr);
end
```

%安装第三跑踏步板

```
  ls=ls3+ds3-(bb-t2/2);
  bs=bs3;
  ns=nh3;
  ds=ds3;
  dh=dh3;
```

if hs3>0 %往下走

```
  ps=[bs1+t2+ds2+ls2+ds2+t2/2+bs3,ls,hs1+hs2];%洞口右上角点
  rs=[0,-1,0];
astep(fod,'0','1',ps,rs,ls,bs,ns,ds,dh,ts,t2,0);   %0代表不设竖端板
else        %往上走
  ps=[bs1+t2+ds2+ls2+ds2+t2/2,0,hs1+hs2+hs3];%洞口左下角点
  rs=[0,1,0];
 astep(fod,'0','1',ps,rs,ls,bs,ns,ds,dh,ts,t2,1);   %1代表设竖端板
end
```

%%%%%% 安装 1 跑与 2 跑之间平台的加肋板
```
pr=[t2/2,ls1+ds1+t2/2,hs1];
rz=[0,0,1];
rr=[0,1,0];
rb=cross(rr,rz);
rb=rb/norm(rb);
lr=bs2;
br=bs1;
aribpv(fod,'1',pr,rz,rr,lr,br,tp,nr,hr,tr);
pr=pr-rz*t1/2-rb*t2/2-rr*t2/2;
```

```
lr=bs2+t2;
br=bs1+t2;
aribpu(fod,'0',pr,rz,rr,lr,br,nr,hr);


%%%%%% 安装 2 跑与 3 跑之间平台的加肋板
pr=[t2/2+bs1+t2/2+ds2+ls2+ds2+t2/2,ls1+ds1+t2/2,hs1+hs2];
 rz=[0,0,1];
 rr=[0,1,0];
 rb=cross(rr,rz);
 rb=rb/norm(rb);
 lr=bs2;
 br=bs1;
 aribpv(fod,'1',pr,rz,rr,lr,br,tp,nr,hr,tr);


 pr=pr-rz*t1/2-rb*t2/2-rr*t2/2;
 lr=bs2+t2;
 br=bs3+t2;
 aribpu(fod,'0',pr,rz,rr,lr,br,nr,hr);
fprintf(fod,'(princ "ok!" )\n');
 fprintf(fod,'(princ)\n');
 fclose(fod)
fprintf('\n Ok,%s 文件已经形成。',fo);

function af2s(fod,la)%3Dface 变 surface
fprintf(fod,'(setq s (ssget "all" (list (cons 0 "3dface")…
(cons 8 "%s"))))\n',la);
fprintf(fod,'convtosurface\n')
fprintf(fod,'!s\n\n');
```

grf.lsp 程序的源代码如下：

```
;本程序 grf.lsp 的功能:获取法向平行指定方向矢量的 3dface 面集合。
(defun c:grf()
(setq lay (getstring "\n 请输入面所在的层名[0]:"))
  (if (=lay "")
  (setq lay "0")
  )
(setq rn (getpoint "\n 请输入方向矢量=(nx,ny,nz)[0,0,1]?"))
(if (=rn nil)
    (setq rn (list 0 0 1))
)
(princ "请选择面(3dface)对象\n")
(setq ss (ssget (list (cons 0 "3dface") (cons 8 lay))))
```

```
(setq ss1 (ssadd))
(setq index 0)
(repeat (sslength ss)
  (setq el (entget (ssname ss index))
    index (1+ index)
  )
    (setq p1 (cdr (assoc 10 el)))
    (setq p1 (trans p1 0 1))
    (setq p2 (trans p2 0 1))
    (setq p3 (cdr (assoc 12 el)))
    (setq p3 (trans p3 0 1))
    (setq r1 (sub p2 p1))
    (setq r2 (sub p3 p1))
    (setq r3 (cro r1 r2))
    (setq c (cro r3 rn))
    (setq c (mod c))
  (if (<=c 0.001)
    (progn
     (ssadd (cdr (assoc -1 el)) ss1)
    )
  )
);end repeat
(command "select"ss1 "")
(princ "\nthe set is ss1")
)
;**** 定义相关矢量运算 ****
(defun mod(r1)
  (distance r1 (list 0 0 0))
)
*********************
(defun sub(r1 r2)
(setq x (-(car r1) (car r2)))
(setq y (-(cadr r1) (cadr r2)))
(setq z (-(caddr r1) (caddr r2)))
  (list x y z)
)
;*********************
(defun cro(r1 r2)
(setq x1 (car r1) x2 (car r2))
(setq y1 (cadr r1) y2  (cadr r2))
(setq z1 (caddr r1) z2 (caddr r2))
(setq x (-(* y1 z2) (* z1 y2)))
```

```
(setq y (-(*z1 x2) (*x1 z2)))
(setq z (-(*x1 y2) (*y1 x2)))
(list x y z)
)
```

2.4　安全走廊的参数化设计

1）简介

基于 SCR 接口函数，编制了安全走廊的参数化设计程序。安全走廊采用错列式柱布置，以方便人员通行；顶部为水平三角钢桁架与双层夹胶钢化玻璃的组合，既可抵抗高空坠物，又可防雨与采光。此程序可参数化形成安全走廊三维实体，如图 2.4-1 所示；同时也形成三维线与面的图形，以便进行梁、壳单元结构分析，其分析结果如图 2.4-2 所示。

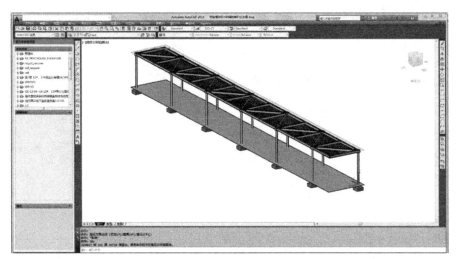

图 2.4-1　程序生成的走廊三维实体图

2）过程及要点

（1）走廊柱错列式布置，便于流畅通行与舒适使用；顶板材料不仅防晒且符合美观要求。

（2）采用钢框架，其延性好、重量轻，且符合装配化的要求。

（3）建构防坠物的 2 道防线，第 1 道防线为双层夹胶玻璃或铝板；第 2 道防线为钢网格板。

（4）程序具有一键双模的特点。第 1 个模型为实体模型，可用于浏览及工程量统计，也可用于基于实体的内力与变形分析；第 2 个模型为梁、壳单元模型，可用于简化结构分析。

（5）利用数组、元胞等方法进行数据的批量输入，提高交互性与输入效率。

（6）采用矢量运算等提高编码的效率与可读性。

（7）可统计工程量与估算造价。

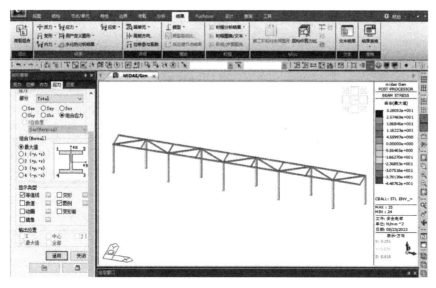

图 2.4-2 安全走廊结构分析结果图

3）主要模块的源代码

fzd.m 程序的源代码如下：

```
%本程序 fzd.m 安全走廊实体的参数化设计程序
echo off all
clear all

fo=input('请输入 SCR 文件名:[d:\\tt\\tt.scr] ','s')
  if size(fo)==[0 0];fo='d:\tt\tt.scr';end;
  fod=fopen(fo,'w');
  if fod==-1
    fprintf('不能打开此文件(%s),请重新输入路径与文件名! \n',fo)
    return;
  end
  fprintf(fod,'setvar osmode 0\n'); %osnap 节点捕捉不起作用
  fprintf(fod,'grid off\n'); %关闭网格
  acolor(fod,7);   %设置图形的颜色


%%%%%%%%%%%%%%%%%%%%%%%%输入数据%%%%%%%%%%%%%%%%%%%%%%
  p0=input('走廊左下角点坐标?[0,0,0]');
if size(p0)==[0 0];p0=[0,0,0];end;

  dat=input(strcat('[总跨数,走廊宽度(mm),走廊净高,柱间距,…
                    走廊宽度方向两侧悬挑尺寸]',...
    '[5,1500,2400,2400,200]'));
  if size(dat)==[0 0];dat=[5,1500,2400,2400,200];end;
  datc=num2cell(dat);%数字矩阵变元胞矩阵
```

```
[nk,ad,hd,sd,xd]=deal(datc{:}); %对应赋值

dat=input(strcat('[基础埋深,基础宽度,基础厚度,柱直径,柱管厚度,…
                 柱帽直径,柱帽板件厚度,肋板条数]',...
    '[200,500,200,95,3.5,250,4,4]'));
if size(dat)==[0 0];dat=[200,500,200,95,3.5,250,4,4];end;
datc=num2cell(dat);%数字矩阵变元胞矩阵
 [mj,aj,hj,dz,tz,du,tu,nu]=deal(datc{:}); %对应赋值
 dat=input(strcat('[工字钢梁高度,宽度,翼缘厚度,腹板厚度,伸入柱帽长度]',...
    '[140,80,4,4,50]'));
 if size(dat)==[0 0];dat=[140,80,4,4,50];end;
 datc=num2cell(dat);%数字矩阵变元胞矩阵
 [hb,bb,tb,th,lm]=deal(datc{:}); %对应赋值

 dat=input(strcat('[框架材质(1:Q355;2:不锈钢),螺杆直径,…
                  螺帽直径,螺帽高度]',...
    '[1,10,30,10]'));
 if size(dat)==[0 0];dat=[1,10,30,10];end;
 datc=num2cell(dat);%数字矩阵变元胞矩阵
 [fma,zm,dm,hm]=deal(datc{:}); %对应赋值

 dat=input(strcat('[吊顶厚度,吊顶钢板孔径,吊顶钢板孔中距]',...
    '[5,100,200]'));
 if size(dat)==[0 0];dat=[5,100,200];end;
 datc=num2cell(dat);%数字矩阵变元胞矩阵
 [ts,dk,sk]=deal(datc{:}); %对应赋值

dat=input(strcat('[橡胶厚度,顶板材质(1:铝板;2:夹胶钢化玻璃),…
                 顶板厚度]','[10,2,3]'));
 if size(dat)==[0 0];dat=[10,2,3];end;
 datc=num2cell(dat);%数字矩阵变元胞矩阵
 [tx,gma,tg]=deal(datc{:}); %对应赋值

 if gma==1;ga=2.8;end    %铝板容重
 if gma==2;ga=2.56;end   %钢化玻璃容重

dat=input(strcat('[基础混凝土综合单价(万元/m³),…
普通钢材综合单价(万元/t),不锈钢材综合单价(万元/t)]','[0.4,1.5,2]'));
 if size(dat)==[0 0];dat=[0.4,1.5,2];end;
 datc=num2cell(dat);%数字矩阵变元胞矩阵
 [kj,kst,kst1]=deal(datc{:}); %对应赋值
```

```
dat=input(strcat('[吊顶综合单价(万元/m²),橡胶综合单价(万元/m²),…
        铝板综合单价(万元/m²),夹胶玻璃综合单价(万元/m²)]',…
    '[0.05,0.03,0.08,0.08]'));
if size(dat)==[0 0];dat=[0.05,0.03,0.08,0.08];end;
datc=num2cell(dat);%数字矩阵变元胞矩阵
[kd,kx,kg,kg1]=deal(datc{:});  %对应赋值


hu=hb;%柱帽高为梁高
hz=hd+mj+hu;%柱顶为柱帽顶
hs=tb+tx+tg;%hs 为连接工字钢上翼缘、橡胶板、顶板的螺栓长度。
du1=max(du-2* lm,0);%柱帽直径-2 倍梁锚入柱帽长度


nbolt=0;
nh=0;
tr=[1,0,0;0,1,0]';%二维投影矩阵,可将三维点变为相应二维点。
xr=[1,0,0];%X 向单位矢量
yr=[0,1,0];%Y 向单位矢量
zr=[0,0,1];%Z 向单位矢量
ppc=[];%记录柱定位点的集合。
pt=[-1000,-1000,0];
%%%%%%%%%%%%%%%%%%%%%%%%%%%%%画实体%%%%%%%%%%%%


%画柱
for n=1:nk+1
if mod(n,2)==1
p3=p0+[sd*(n-1),0,0];
else
  p3=p0+[sd*(n-1),ad,0];
end
gyz(fod,'rc','st',p3,aj,hj,mj,hz,dz,tz,du,tu,hu,nu,tx);
ppc=[ppc;p3];
end


%画下、上边梁
 zb=hd+hb/2;
for yt=[p0(2),p0(2)+ad]
  for n=1:nk
    adumb(fod,'temp',pt,0,hb,bb,tb,th,tb,0,zr);
    p1=p0+[sd*(n-1),yt,zb];
    p2=p1+xr*sd;
```

%端点修正,以保证与相关构件的正确连接。另外,处理上边梁,使得角区梁连贯。

```
    if(n==1|n==nk)    %处于角区时
      if yt==p0(2)+ad & n==1
        p3=p1-ad*yr;
        if dis2d(p3,ppc)==0;
        p3=p3+du1/2*yr;
        end
        if dis2d(p2,ppc)==0;
        p2=p2-du1/2*xr;
        end
        path1=[p3;p1;p2];
      end


      if yt==p0(2) & n==1
        if dis2d(p1,ppc)==0;  %处于柱定位点时
          p1=p1+du1/2*xr;    %按锚入长度控制
        end
        if dis2d(p2,ppc)==0;
        p2=p2-du1/2*xr;
        end
        path1=[p1;p2];
      end


    if mod(nk,2)==1 & n==nk%奇数跨
        %处理下边梁
      if yt==p0(2) & n==nk
        p3=p2+ad*yr;
        if dis2d(p3,ppc)==0;
        p3=p3-du1/2*yr;
        end
        if dis2d(p1,ppc)==0;
        p1=p1-du1/2*xr;
        end
        path1=[p1;p2;p3];
      else  %正常情况
        if dis2d(p1,ppc)==0; %处于柱定位点时
          p1=p1+du1/2*xr;   %按锚入长度控制
        end
        if dis2d(p2,ppc)==0;
        p2=p2-du1/2*xr;
        end
        path1=[p1;p2];
```

```
        end
    end


    if mod(nk,2)==0 & n==nk%偶数跨
        %处理上边梁
      if yt==p0(2)+ad & n==nk
        p3=p2-ad*yr;
        if dis2d(p3,ppc)==0;
        p3=p3+du1/2*yr;
        end
        if dis2d(p1,ppc)==0;
        p1=p1+du1/2*xr;
        end
        path1=[p1;p2;p3];
      else %正常情况
        if dis2d(p1,ppc)==0; %处于柱定位点时
          p1=p1+du1/2*xr;    %按锚入长度控制
        end
        if dis2d(p2,ppc)==0;
        p2=p2-du1/2*xr;
        end
        path1=[p1;p2];
      end
    end


    else %非角区
        if dis2d(p1,ppc)==0; %处于柱定位点时
          p1=p1+du1/2*xr;    %按锚入长度控制
        end
        if dis2d(p2,ppc)==0;
        p2=p2-du1/2*xr;
        end
        path1=[p1;p2];
    end
      acolor(fod,2);



aswp(fod,'st',path1);%将封闭图形的上一个选择集沿 path1 扫掠。
% aexp(fod,'st',path1);


  if tx>0 %设橡胶垫层时
    azh(fod,hd+hb,0);
```

```
        acolor(fod,8);
        p1=p0+[sd*(n-1),yt,zb];
        p2=p1+xr*sd;

    %端点修正,以保证与相关构件的正确连接。
    if dis2d(p1,ppc)==0; %处于柱定位点时
        p1=p1+du/2*xr;  %按锚入长度控制
    else
        if(n==1)  %处于角区时
            p1=p1-bb/2*xr; %延长至梁边
        end
    end

    if dis2d(p2,ppc)==0;
        p2=p2-du/2*xr;
    else
        if(n==nk)
            p2=p2+bb/2*xr;
        end
    end

    path1=[p1;p2];
    pp2=path1*tr; %变为二维点;
    apsod(fod,'xj','c',bb,tx,pp2);%此函数仅支持二维矢量。
        end
    %画螺栓
    pu=p0+[sd*(n-1),yt,hd+hu-tb];
    xu=sd*0.2; yu=bb*0.25;
    bolt(fod,'bolt',pu,xr,xu,yu,zm,hs,dm,hm);
    xu=sd*0.8;
    bolt(fod,'bolt',pu,xr,xu,yu,zm,hs,dm,hm);
        nbolt=nbolt+2;
    end
end

    %画上斜梁
    rt=[sd,ad,0];
    rt1=rt/norm(rt);
    for n=1:ceil(nk/2)

    adumb(fod,'temp',pt,0,hb,bb,tb,th,tb,0,zr);
    p1=p0+2*sd*(n-1)*xr+zb*zr;
```

```
    p2=p1+sd*xr+ad*yr;

  %端点修正,以保证与相关构件的正确连接。
    p1=p1+rt1*du1/2;
    p2=p2-rt1*du1/2;
    path1=[p1;p2];
    acolor(fod,2);
    aswp(fod,'st',path1);


    if tx>0
    azh(fod,hd+hb,0);
    p1=p0+2*sd*(n-1)*xr+zb*zr;
    p2=p1+sd*xr+ad*yr;
  %端点修正,以保证与相关构件的正确连接。
    p1=p1+rt1*du/2;
    p2=p2-rt1*du/2;
     path1=[p1;p2];
     pp2=path1*tr;
      acolor(fod,8);
    apsod(fod,'xj','c',bb,tx,pp2);
        end
  %画螺栓
  pu=p0+[2*sd*(n-1),0,hd+hu-tb];
  rt=[sd,ad,0];
  dd=norm(rt);
  xu=dd*0.2;yu=bb*0.25;
  bolt(fod,'bolt',pu,rt,xu,yu,zm,hs,dm,hm);
  bolt(fod,'bolt',pu,rt,xu,-yu,zm,hs,dm,hm);
  xu=dd*0.8;
  bolt(fod,'bolt',pu,rt,xu,yu,zm,hs,dm,hm);
  bolt(fod,'bolt',pu,rt,xu,-yu,zm,hs,dm,hm);
  nbolt=nbolt+4;
end


%画下斜梁
  rt=[sd,-ad,0];
  rt1=rt/norm(rt);
for n=1:ceil((nk-1)/2)
   p1=p0+sd*(2*n-1)*xr+ad*yr+zb*zr;
   p2=p1+sd*xr-ad*yr;
   adumb(fod,'temp',pt,0,hb,bb,tb,th,tb,0,rt);
  %端点修正,以保证与相关构件的正确连接。
```

```
p1=p1+rt1*du1/2;
p2=p2-rt1*du1/2;
path1=[p1;p2];
acolor(fod,2);
aswp(fod,'st',path1);

if tx>0
  azh(fod,hd+hb,0);
  p1=p0+sd*(2*n-1)*xr+ad*yr+zb*zr;
  p2=p1+sd*xr-ad*yr;
%端点修正,以保证与相关构件的正确连接。
  p1=p1+rt1*du/2;
  p2=p2-rt1*du/2;
  path1=[p1;p2];
    pp2=path1*tr;
      acolor(fod,8);
apsod(fod,'xj','c',bb,tx,pp2);
      end
  %画螺栓
pu=p0+[sd+2*sd*(n-1),ad,hd+hu];
rt=[sd,-ad,0];
  dd=norm(rt);
  xu=dd*0.2;yu=bb*0.25;
  bolt(fod,'bolt',pu,rt,xu,yu,zm,hs,dm,hm);
  bolt(fod,'bolt',pu,rt,xu,-yu,zm,hs,dm,hm);
  xu=dd*0.8;
  bolt(fod,'bolt',pu,rt,xu,yu,zm,hs,dm,hm);
  bolt(fod,'bolt',pu,rt,xu,-yu,zm,hs,dm,hm);
  nbolt=nbolt+4;
end

  %画纵向梁
for n=1:nk+1
  if n~=1 & n~=nk+1 %非角区
  p1=p0+[sd*(n-1),0,zb];
  p2=p1+ad*yr;
    adumb(fod,'temp',pt,0,hb,bb,tb,th,tb,0,zr);
    %fprintf(fod,'(setq n (getint "\n暂停 pause"))');
  %端点修正,以保证与相关构件的正确连接。
  if dis2d(p1,ppc)==0; %处于柱定位点时
    p1=p1+du1/2*yr;    %按锚入长度控制
  end
```

```
  if dis2d(p2,ppc)==0;
    p2=p2-du1/2*yr;
  end
    path1=[p1;p2];
    acolor(fod,2);
    aswp(fod,'st',path1);
  end
```

if tx>0 %若有橡胶垫层,则梁上有橡胶条。
```
  azh(fod,hd+hb,0);
  p1=p0+[sd*(n-1),0,zb];
  p2=p1+ad*yr;
```

%端点修正,以保证与相关构件的正确连接。
```
  if dis2d(p1,ppc)==0; %处于柱定位点时
    p1=p1+du/2*yr;    %按锚入长度控制
  else
    p1=p1+bb/2*yr; %至梁边
  end
```

```
  if dis2d(p2,ppc)==0;
    p2=p2-du/2*yr;
  else
    p2=p2-bb/2*yr;
  end
    path1=[p1;p2];
    pp2=path1*tr;
    acolor(fod,8);
apsod(fod,'xj','c',bb,tx,pp2);
  end
%画螺栓
pu=p0+[sd*(n-1),0,hd+hu-tb];
rt=[0,ad,0];
dd=norm(rt);
xu=dd*0.2;yu=bb*0.25;
bolt(fod,'bolt',pu,rt,xu,yu,zm,hs,dm,hm);
bolt(fod,'bolt',pu,rt,xu,-yu,zm,hs,dm,hm);
xu=dd*0.8;
bolt(fod,'bolt',pu,rt,xu,yu,zm,hs,dm,hm);
bolt(fod,'bolt',pu,rt,xu,-yu,zm,hs,dm,hm);
nbolt=nbolt+4;
end
```

```matlab
    %钢板网吊顶，作为二道防线，起到保护及美观的作用。
  if ts>0
    acolor(fod,5);
    azh(fod,hd-ts,0);
    pp2=[p0(1)-bb/2,p0(2)+ad/2;
    p0(1)+sd*nk+bb/2 ,ad/2];
    apsod(fod,'temp2','c',ad+bb,ts,pp2);%apsod(fod,la,w,h,p2)

    x1=p0(1)+bb/2;
    x2=p0(1)+nk*sd-bb/2-sk;
    y1=p0(2)+bb/2;
    y2=p0(2)+ad-bb/2-sk*2;
    z1=hd-ts-1;
    z2=hd+ts+1;
nx=1;
ny=1;
xx=x1;
yy=y1;
fprintf(fod,'layer m %s \n','temp');
    while yy<=y2
        yy=y1+ny*sk;
        nx=1;
        xx=x1;
      while xx<=x2
        xx=x1+nx*sk;

        pp=[xx,yy,z1];
        r=dk*0.5;
        acyr(fod,'temp1',pp,r,ts+2);%支持负高度
        nh=nh+1;
    nx=nx+1;
      end
      ny=ny+1;
    end
    asub(fod,'temp2','temp1');%集中处理速度快
    end

    %玻璃
      acolor(fod,4);
azh(fod,hd+hb+tx,0);
pp2=[p0(1)-xd,p0(2)+ad/2;
  p0(1)+sd*nk+xd,ad/2];
```

```
apsod(fod,'glass','c',ad+2*xd,tg,pp2);%apsod(fod,la,w,h,p2)
  if gma==2
   fprintf(fod,'(setq s (ssget "all" (list (cons 8 "%s" )))))\n','glass');
    fprintf(fod,'change !s\n\n');
    fprintf(fod,'p tr 90\n\n');
  end

    %地坪标高(z坐标)为 0
      acolor(fod,9);
azh(fod,-1,0);
pp2=[p0(1)-xd,p0(2)+ad/2;
          p0(1)+sd*nk+xd,ad/2];
apsod(fod,'ground','c',ad+2*xd,1,pp2);

%形成梁、壳单元分析的几何模型
 p0=p0+[0,-5000,0];

%画柱
  for n=1:nk+1
   if mod(n,2)==1
    p3=p0+[sd*(n-1),0,-mj];
    else
    p3=p0+[sd*(n-1),ad,-mj];
    end
   pp=[p3;
   p3+[0,0,hz-hb/2]];
   aline(fod,'co',0,pp);
  end

%画下边梁
   zb=hd+hb/2;

   for n=1:nk
     pp=[p0+[sd*(n-1),0,zb];
     p0+[sd*n,0,zb]];
     aline(fod,'be',0,pp);
    end

%画上边梁

   acolor(fod,2);
    for n=1:nk
```

```
            pp=[p0+[sd*(n-1),ad,zb];
            p0+[sd*n,ad,zb]];
        aline(fod,'be',0,pp);
    end
    %画上斜梁
    for n=1:ceil(nk/2)
        pp=[p0+[2*sd*(n-1),0,zb];
        p0+[2*sd*(n-1)+sd,ad,zb]];
        aline(fod,'be',0,pp);
    end
    %画下斜梁
    for n=1:ceil((nk-1)/2)
        pp=[p0+[2*sd*(n-1)+sd,ad,zb];
        p0+[2*sd*(n-1)+2*sd,0,zb]];
        aline(fod,'be',0,pp);
    end

    %画纵向梁

        for n=1:nk+1
        pp=[p0+[sd*(n-1),0,zb];
            p0+[sd*(n-1),ad,zb]];
        aline(fod,'be',0,pp);
        end


    %画玻璃板

pp=[p0(1)-xd,p0(2)-xd,zb;
    p0(1)-xd,p0(2)+ad+xd,zb;
        p0(1)+nk*sd+xd,p0(2)+ad+xd,zb;
        p0(1)+nk*sd+xd,p0(2)-xd,zb];
    a3dface(fod,'glass',pp);


    %编写说明及统计材料
acolor(fod,3);
ym=14000;
cx=0;cd=0;
atext(fod,'text',[5000,p0(2)+ym,0],300,0,'防坠落、防雨水、…
        防暴晒错列式走廊的设计说明');


ym=ym-400;
atext(fod,'text',[5000,p0(2)+ym,0],200,0,'1、顶部采用双层钢化…
```

夹胶玻璃或铝板及铝合金孔板吊顶,具有防坠落、防雨水、防暴晒等优点;');

```
ym=ym-300;
atext(fod,'text',[5000,p0(2)+ym,0],200,0,'2、基础采用混凝土预制构件,…
框架构件采用普通钢材或不锈钢材且工厂预制,以便于施工和维护;');
ym=ym-300;
atext(fod,'text',[5000,p0(2)+ym,0],200,0,'3:柱错列式布置,…
便于流畅通行、舒适使用;');
str=strcat('4:C30 基础混凝土,共',int2str(nk+1));
v=(nk+1)*aj*aj*hj/1e9;
cj=kj*v;
str=strcat(str,'块,总体积为',num2str(v),'(立方米),');
str=strcat(str,'综合费用为',num2str(cj),'(万元);');
ym=ym-300;
atext(fod,'text',[5000,p0(2)+ym,0],200,0,str);
wz1=hz*pi*dz*tz*7850/1e9;wz=wz1*(nk+1);
str=strcat('    钢柱,共',int2str(nk+1),'根,','截面为
dxt=',int2str(dz),'x',num2str(tz),',长度为',int2str(hz),'mm',',…
单根柱重量为',int2str(wz1),'(kg),柱总重量为',int2str(wz),'(kg);');
ym=ym-300;
atext(fod,'text',[5000,p0(2)+ym,0],200,0,str);
wm1=(2*0.785*du*du*tu-0.785*dz*dz*tu+nu*tu*(du-dz)*0.5+pi*du*tu*hu)…
*7850/1e9;
wm=wm1*(nk+1);
str=strcat('    柱帽,共',int2str(nk+1),'个,截面为
dxt=',int2str(du),'x',int2str(tu),',长度为',int2str(hu),'mm,…
单个柱帽重量为',int2str(wm1),'(kg),柱帽总重量为',int2str(wm),'(kg);');
ym=ym-300;
atext(fod,'text',[5000,p0(2)+ym,0],200,0,str);
LB=2*nk*sd+(nk+1)*ad+nk*norm([sd,ad]);
wb=LB*(2*bb*tb+hb*th)*7850/1e9;
str=strcat('    钢梁,共',int2str(nk*4+1),'根,工字钢截面为
bxhxtbxth=',int2str(bb),'x',int2str(hb),'x',num2str(tb),'x',…
num2str(th),',梁总重量为',int2str(wb),'(kg);');
ym=ym-300;
atext(fod,'text',[5000,p0(2)+ym,0],200,0,str);
ag=(2*xd+sd*nk)*(ad+2*xd)/1e6;

if gma==1
 cg=ag*kg;
 str=strcat('    铝板,厚度为',int2str(tg),'mm,总面积为',int2str(ag),'(m2),');
 str=strcat(str,'综合费用为',num2str(cg),'(万元)');
end
```

```
if gma==2
cg=ag*kg1;
 str=strcat('    双层夹胶玻璃,厚度为',int2str(tg),'mm,…
 总面积为',int2str(ag),'(m2),');
 str=strcat(str,'综合费用为',num2str(cg),'(万元);');
end
ym=ym-300;
atext(fod,'text',[5000,p0(2)+ym,0],200,0,str);
if tx>0
ax=bb*LB/1e6+(nk+1)*du*du*0.785/1e6;
cx=ax*kx;
str=strcat('    耐候橡胶,厚度为',int2str(tx),'mm,…
其总面积为',int2str(ax),'(m2),');
str=strcat(str,'综合费用为',num2str(cx),'(万元);');
ym=ym-300;
atext(fod,'text',[5000,p0(2)+ym,0],200,0,str);
end
if ts>0
 at=(ad+bb)*(nk*sd+bb)/1e6-0.785*dk*dk*nh/1e6;
 cd=at*kd;
 str=strcat('    铝合金孔板吊顶,厚度为',int2str(ts),'mm,…
 总面积为',int2str(at),'(m2),');
 str=strcat(str,'综合费用为',num2str(cd),'(万元);');
 ym=ym-300;
 atext(fod,'text',[5000,p0(2)+ym,0],200,0,str);
end
wst=(wb+wz+wm)/1e3;
if fma==1
    str=strcat('    普通钢材走廊框架,总重量为',num2str(wst),'(t),');
    cst=wst*kst;
end
if fma==2
    str=strcat('    不锈钢材走廊框架,总重量为',num2str(wst),'(t),');
    cst=wst*kst1;
end
str=strcat(str,'综合费用为',num2str(cst),'(万元)');
ym=ym-300;
atext(fod,'text',[5000,p0(2)+ym,0],200,0,str);

str=strcat('    固定顶板的螺栓,直径为',int2str(zm),'mm,长度为
',int2str(hs+2*hm),'mm,螺栓总数为',int2str(nbolt),'(套);');
ym=ym-300;
```

```
atext(fod,'text',[5000,p0(2)+ym,0],200,0,str);

L=(xd*2+nk*sd)/1000;
B=(ad+2*xd)/1000;
A=L*B;
cc=cj+cst+cx+cg+cd;
c1=cc/A;
str=strcat('  走廊长度为',num2str(L),'(m),走廊宽度为',…
num2str(ad/1000),'(m),走廊覆盖宽度为',num2str(B),'(m),…
走廊净空为',num2str(hd/1000),'(m),走廊覆盖面积为',num2str(A),'(m2);');
ym=ym-300;
atext(fod,'text',[5000,p0(2)+ym,0],200,0,str);
str=strcat('  走廊综合费用为',num2str(cc),'(万元),');
str=strcat(str,'走廊综合单价为',num2str(c1),'(万元/m2).');
ym=ym-300;
atext(fod,'text',[5000,p0(2)+ym,0],200,0,str);
azme(fod);
fclose(fod);
fprintf('\n Ok,%s 文件已经形成。\n',fo);


function gyz(fod,lrc,lst,p3,aj,hj,mj,hz,dz,tz,du,tu,hu,nu,tx)
%此程序 gyz.m 的功能:画基础、钢圆柱、柱帽及圆形橡胶垫的实体。
fprintf(fod,';;;CIRCLE COLUMN;;;\n');
%基础部分 aj,hj,mj
 acolor(fod,1);
 p3(3)=p3(3)-mj-hj;
 azh(fod,p3(3),0);
 pp2=[p3(1)-aj/2,p3(2);
            p3(1)+aj/2,p3(2)];
 apsod(fod,lrc,'c',aj,hj,pp2);
 %圆柱部分(hz,dz,tz)
 acolor(fod,2);
p3(3)=p3(3)+hj;%基础顶标高
apipe(fod,lst,p3,dz,tz);%画环并形成选择集 s
aext(fod,lst,hz);%对集合 s 拉伸,hc 支持负数
%柱帽(du,tu,hu,nu)
%柱帽上环板
p3(3)=p3(3)+hz;
acyr(fod,lst,p3,du/2,-tu);
%柱帽下环板
p3(3)=p3(3)-hu;
t=(du-dz)/2;
```

```
apipe(fod,lst,p3,du,t);%并形成选择集 s
aext(fod,lst,tu);%对集合 s 拉伸，hc 支持负数
%柱帽肋板
azh(fod,p3(3)+tu,0);
for n=1:nu
 ang=2*pi/nu*(n-1);
 pp2=[p3(1)+dz*0.5*cos(ang),p3(2)+dz*0.5*sin(ang);
 p3(1)+du*0.5*cos(ang),p3(2)+du*0.5*sin(ang)];
 apsod(fod,lst,'c',tu,hu-2*tu,pp2);
end
%柱帽外筒板
azh(fod,p3(3)-tu,0);
apipe(fod,lst,p3,du,tu);%并形成选择集 s
aext(fod,lst,hu);%对集合 s 拉伸，hc 支持负数
p3(3)=p3(3)+hu;
%橡胶垫板(tx)
if tx>0
 acolor(fod,8);
 acyr(fod,'xj',p3,du/2,tx);
end

function bolt(fod,lay,pu,rx,xu,yu,ds,hs,dm,hm) %画螺栓与螺帽
fprintf(fod,'layer m %s\n',lay);
fprintf(fod,'\n');
rx=rx/norm(rx);
ry=cross([0,0,1],rx);
ry=ry/norm(ry);
pp=pu+rx*xu+ry*yu;
acyr(fod,lay,pp,ds/2,hs);
acyr(fod,lay,pp,dm/2,-hm);
pp=pp+[0,0,hs];
acyr(fod,lay,pp,dm/2,hm);

function dm=dis2d(p,pp)
% 求点到点集 pp 的最小二维距离
 s=(pp(:,1)-p(1,1)).^2+(pp(:,2)-p(1,2)).^2;
 s=s.^0.5;
 dm=min(s);
```

2.5 单层曲面网壳与双层曲面网架的参数化设计

1）简介

基于 DWG 接口函数，编制 MATLAB 参数化设计程序，可形成不同模式和参数的单

层曲面网壳及曲面网架，如图 2.5-1～图 2.5-9 所示。

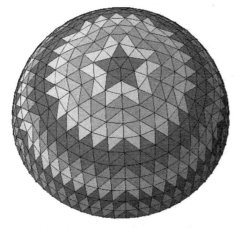

图 2.5-1 AutoCAD 中单层球面网壳三维图　　　图 2.5-2 AutoCAD 中单层球面网壳三维图

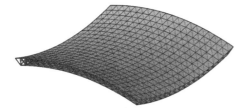

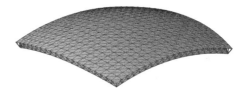

图 2.5-3 AutoCAD 中鞍面网架三维图　　　图 2.5-4 AutoCAD 中球面网架三维图

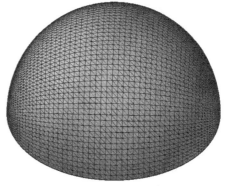

图 2.5-5 AutoCAD 中球面网架三维图　　　图 2.5-6 AutoCAD 中半球面网架三维图

图 2.5-7 AutoCAD 中圆柱面网架三维图　　　图 2.5-8 AutoCAD 中半圆柱面网架三维图

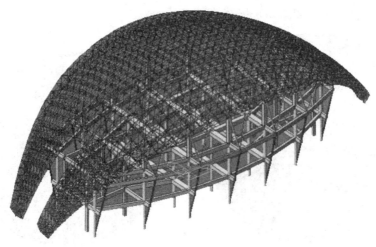

图 2.5-9　南昌某游泳馆球面网架三维图

2）过程及要点

（1）设计参数较少，但可方便地产生多种大跨度屋顶结构形式，便于建筑与结构设计人员进行优选。

（2）按特性分层，可方便导入分析软件，进行结构分析。

（3）采用 DWG 接口函数，可较大提高杆件数巨大结构的生成速度。

（4）采用 mlf.lsp 程序，根据选择的函数及其参数，可进一步修改网壳或网架的形态。

3）主要模块的源代码

ssg.m 程序的源代码如下：

```
%本程序 ssg.m 的功能：根据输入的参数，形成单层球面网壳三角形网格。
% initial
global fpi_g
global fpo_g

global tabaddr_g
global blkdaddr_g
global blkaddr_g
global layaddr_g
global styaddr_g
global ltyaddr_g
global viewaddr_g
global totsize_g
global entcnt_g

fo=input('请输入要生成的 DWG 文件名:[tt.dwg] ','s');
  if size(fo)==[0 0];fo='tt.dwg';end;
  if(fopen(fo,'w')==-1)
     c=clock;
```

```
    str=int2str(c(6));
    fo=strcat(str,fo);
    maopdwg(fo);
  else
   maopdwg(fo);
  end
```

%球面三角形网格
```
  p0=input('圆点坐标?[0,0,0]');
  if size(p0)==[0 0];p0=[0,0,0];end;

  rs=input('球的半径?[10e3]');
  if size(rs)==[0 0];rs=10e3;end;

  nb=input('网壳的环数(6)?[12]');
  if size(nb)==[0 0];nb=12;end;

  da=input('经度增量(36)?[72]');
  if size(da)==[0 0];da=72;end;
  da=da*pi/180;

  db=input('纬度增量?[7.5]');
  if size(db)==[0 0];db=7.5;end;
  db=db*pi/180;

  mode=input('节点增长模式(1:按2环数次方指数增长;…
  2:每环增加数量为初始经线数)(1)[2]');
  if size(mode)==[0 0];mode=2;end;

deta=1e-5;%容差
rx=[1,0,0];
ry=[0,1,0];
rz=[0,0,1];
na=fix(pi*2/da);

for nbx=1:nb;%纬度上循环
   bt=nbx*db;
   bt1=(nbx+1)*db;

   if nbx==1 %第1环与节点增长模式无关。
    for nax=1:na%经度上循环
     at=(nax-1)*da;
```

```
    at1=nax*da;
    p1=s2c(rs,at,bt);%球面坐标转换为直角坐标。
    p2=s2c(rs,at1,bt);
    p3=[0,0,rs];
     pp=[p1;p2;p3;p1];
     ma3dface(nbx,pp); %画空间三角形

     %附带画一个下一环的三角形
     p3=s2c(rs,(at+at1)/2,bt+db);
     pp=[p1;p2;p3;p1];
     ma3dface(nbx,pp);
  end
else %nbx>1
  %%%%%%%%%%%%%%%%%%%%%%%%%%%%%%%%%%%%%%%%%%
    if mode==1
      k=2^(nbx-1);%每环的节点数按指数增长
    else
      k=nbx; %每环的节点数按初始经线数增长
        end

  for nax=1:na*k
    at=(nax-1)*da/k;
    at1=nax*da/k;

  if mode==1
    p1=s2c(rs,at,bt);
    p2=s2c(rs,at1,bt);
    if rem(nax,2)==1
      p3=s2c(rs,at,bt-db);
    else
      p3=s2c(rs,at1,bt-db);
    end

    pp=[p1;p2;p3;p1];
    ma3dface(nbx,pp);
    %附带画一个下一环的三角形
  if nbx<nb
  p3=s2c(rs,(at+at1)/2,bt+db);
    pp=[p1;p2;p3;p1];
    ma3dface(nbx,pp);
  end
  %%%%%%%%%%%%%%%%%%%%%%%%%%%%%%%%%%%%%%%%%%
```

```
    else %mode==2
      p1=s2c(rs,at,bt);
      p2=s2c(rs,at1,bt);

      for n=1:na*(nbx-1) %循环选择
        at2=n*da/(nbx-1);
        if at2>=at-deta & at2<=at1+deta
          break;
        end
      end

      bt2=bt-db;
      p3=s2c(rs,at2,bt2);
      pp=[p1;p2;p3;p1];
      ma3dface(nbx,pp);
      %附带画一个下一环的三角形
      if nbx<nb
        for n=1:na*(nbx+1)   %循环选择
        at2=n*da/(nbx+1);
         if at2>at+deta & at2<=at1+deta
           break;
         end
        end
        bt2=bt+db;
        p3=s2c(rs,at2,bt2);

        pp=[p1;p2;p3;p1];
        ma3dface(nbx,pp);
      end

    end   % end of mode
    %%%%%%%%%%%%%%%%%%%%%%%%%%%%%%%%%%%%%%%%%%
    end   %  end of nax
  end    %   end of nbx/=1
 end % end of nbx
%%%%%%%%%%%%%%%%%%%%%%%%%%%%%%%
 macldwg;
fprintf('\n Ok,%s 文件已经形成。\n',strcat(pwd,'\',fo));


function p=s2c(r,a,b)
%极坐标(r,a,b)转为直角坐标 p=[x,y,z]
x=r*sin(b)*cos(a);
```

```
y=r*sin(b)*sin(a);
z=r*cos(b);
p=[x,y,z];
```

dsg.m 程序的源代码如下：

```
% 本程序 dsg.m 的功能：根据输入的参数，形成双层球面网架。
% initial

global fpi_g
global fpo_g

global tabaddr_g
global blkdaddr_g
global blkaddr_g
global layaddr_g
global styaddr_g
global ltyaddr_g
global viewaddr_g
global totsize_g
global entcnt_g

fo=input('请输入要生成的 DWG 文件名:[tt.dwg] ','s');
  if size(fo)==[0 0];fo='tt.dwg';end;
  if(fopen(fo,'w')==-1)
      c=clock;
      str=int2str(c(6));
      fo=strcat(str,fo);
      maopdwg(fo);
   else
    maopdwg(fo);
  end

  p0=input('球心坐标?[30,30,-90]');
  if size(p0)==[0 0];p0=[30,30,-90];end;

   r=input('球半径?[100m]');
  if size(r)==[0 0];r=100;end;
  rx=[0,0,1];rz=[-1,0,0];

  a0=input('局部坐标平面 x0z 对应经度为 0 度,起点经度?[-20]');
  if size(a0)==[0 0];a0=-20;end;
  a0=pi/180*a0;
```

```
a1=input('局部坐标平面 x0z 对应经度为 0 度,终点经度?[20]');
if size(a1)==[0 0];a1=20;end;
a1=pi/180*a1;

b0=input('局部坐标平面 x0y 对应纬度为 0 度,起点纬度?[-60]');
if size(b0)==[0 0];b0= -60;end;
b0=pi/180*b0;

b1=input('局部坐标平面 x0y 对应纬度为 0 度,终点纬度?[60]');
if size(b1)==[0 0];b1=60;end;
b1=pi/180*b1;

h=input('网格高?(-100~100m) [3m]');
if size(h)==[0 0];h=3;end;

na=input('经度方向网格数?[20]');
if size(na)==[0 0];na=20;end;

nb=input('纬度方向网格数?[60]');
if size(nb)==[0 0];nb=60;end;

a=(a1-a0)/na;
b=(b1-b0)/nb;


% 顶面网格
for n=1:nb
   for m=1:na
      if m==1 & n==1
          pp1=s2c1(p0,r,rx,rz,a0,b0);
          pp2=s2c1(p0,r,rx,rz,a0,b0+b);
          pp3=s2c1(p0,r,rx,rz,a0+a,b0+b);
          pp4=s2c1(p0,r,rx,rz,a0+a,b0);

          pp=[pp1,pp2];
          ma3dline(1,0.11,pp); %ma3dline(layer,th,p3)
          pp=[pp2,pp3];
          ma3dline(1,0.11,pp); %ma3dline(layer,th,p3)
          pp=[pp3,pp4];
          ma3dline(1,0.11,pp); %ma3dline(layer,th,p3)
          pp=[pp4,pp1];
          ma3dline(1,0.11,pp); %ma3dline(layer,th,p3)
      end
```

```
if m==1 & n>1

    pp1=s2c1(p0,r,rx,rz,a0,b0+(n-1)*b);
    pp2=s2c1(p0,r,rx,rz,a0,b0+n*b);
    pp3=s2c1(p0,r,rx,rz,a0+a,b0+n*b);
    pp4=s2c1(p0,r,rx,rz,a0+a,b0+(n-1)*b);

    pp=[pp1,pp2];
    ma3dline(1,0.11,pp); %ma3dline(layer,th,p3)
    pp=[pp2,pp3];
    ma3dline(1,0.11,pp); %ma3dline(layer,th,p3)
    pp=[pp3,pp4];
    ma3dline(1,0.11,pp); %ma3dline(layer,th,p3)
end

if m>1 & n==1

    pp1=s2c1(p0,r,rx,rz,a0+(m-1)*a,b0);
    pp2=s2c1(p0,r,rx,rz,a0+(m-1)*a,b0+b);
    pp3=s2c1(p0,r,rx,rz,a0+m*a,b0+b);
    pp4=s2c1(p0,r,rx,rz,a0+m*a,b0);

    pp=[pp2,pp3];
    ma3dline(1,0.11,pp); %ma3dline(layer,th,p3)
    pp=[pp3,pp4];
    ma3dline(1,0.11,pp); %ma3dline(layer,th,p3)
    pp=[pp4,pp1];
    ma3dline(1,0.11,pp); %ma3dline(layer,th,p3)
end

if m>1 & n>1

    pp1=s2c1(p0,r,rx,rz,a0+(m-1)*a,b0+(n-1)*b);
    pp2=s2c1(p0,r,rx,rz,a0+(m-1)*a,b0+n*b);
    pp3=s2c1(p0,r,rx,rz,a0+m*a,b0+n*b);
    pp4=s2c1(p0,r,rx,rz,a0+m*a,b0+(n-1)*b);

    pp=[pp2,pp3];
    ma3dline(1,0.11,pp); %ma3dline(layer,th,p3)
    pp=[pp3,pp4];
    ma3dline(1,0.11,pp); %ma3dline(layer,th,p3)
```

```
                end

        pp=[pp1;pp2;pp3;pp1];
        ma3dface(4,pp);
        pp=[pp1;pp3;pp4;pp1];
        ma3dface(4,pp);

    end
end

% 底面网格
for n=1:nb-1
    for m=1:na-1
        if m==1 & n==1
            pp1=s2cl(p0,r-h,rx,rz,0.5*a+a0,0.5*b+b0);
            pp2=s2cl(p0,r-h,rx,rz,0.5*a+a0,0.5*b+b0+b);
            pp3=s2cl(p0,r-h,rx,rz,0.5*a+a0+a,0.5*b+b0+b);
            pp4=s2cl(p0,r-h,rx,rz,0.5*a+a0+a,0.5*b+b0);

            pp=[pp1,pp2];
            ma3dline(1,0.11,pp); %ma3dline(layer,th,p3)
            pp=[pp2,pp3];
            ma3dline(1,0.11,pp); %ma3dline(layer,th,p3)
            pp=[pp3,pp4];
            ma3dline(1,0.11,pp); %ma3dline(layer,th,p3)
            pp=[pp4,pp1];
            ma3dline(1,0.11,pp); %ma3dline(layer,th,p3)
        end

        if m==1 & n>1

            pp1=s2cl(p0,r-h,rx,rz,0.5*a+a0,0.5*b+b0+(n-1)*b);
            pp2=s2cl(p0,r-h,rx,rz,0.5*a+a0,0.5*b+b0+n*b);
            pp3=s2cl(p0,r-h,rx,rz,0.5*a+a0+a,0.5*b+b0+n*b);
            pp4=s2cl(p0,r-h,rx,rz,0.5*a+a0+a,0.5*b+b0+(n-1)*b);

            pp=[pp1,pp2];
            ma3dline(1,0.11,pp); %ma3dline(layer,th,p3)
            pp=[pp2,pp3];
            ma3dline(1,0.11,pp); %ma3dline(layer,th,p3)
            pp=[pp3,pp4];
            ma3dline(1,0.11,pp); %ma3dline(layer,th,p3)
```

```
        end

    if m>1 & n==1

        pp1=s2c1(p0,r-h,rx,rz,0.5*a+a0+(m-1)*a,0.5*b+b0);
        pp2=s2c1(p0,r-h,rx,rz,0.5*a+a0+(m-1)*a,0.5*b+b0+b);
        pp3=s2c1(p0,r-h,rx,rz,0.5*a+a0+m*a,0.5*b+b0+b);
        pp4=s2c1(p0,r-h,rx,rz,0.5*a+a0+m*a,0.5*b+b0);

        pp=[pp2,pp3];
        ma3dline(1,0.11,pp); %ma3dline(layer,th,p3)
        pp=[pp3,pp4];
        ma3dline(1,0.11,pp); %ma3dline(layer,th,p3)
        pp=[pp4,pp1];
        ma3dline(1,0.11,pp); %ma3dline(layer,th,p3)
    end

    if m>1 & n>1

        pp1=s2c1(p0,r-h,rx,rz,0.5*a+a0+(m-1)*a,0.5*b+b0+(n-1)*b);
        pp2=s2c1(p0,r-h,rx,rz,0.5*a+a0+(m-1)*a,0.5*b+b0+n*b);
        pp3=s2c1(p0,r-h,rx,rz,0.5*a+a0+m*a,0.5*b+b0+n*b);
        pp4=s2c1(p0,r-h,rx,rz,0.5*a+a0+m*a,0.5*b+b0+(n-1)*b);

        pp=[pp2,pp3];
        ma3dline(1,0.11,pp); %ma3dline(layer,th,p3)
        pp=[pp3,pp4];
        ma3dline(1,0.11,pp); %ma3dline(layer,th,p3)
    end

    pp=[pp1;pp2;pp3;pp1];
    ma3dface(5,pp);
    pp=[pp1;pp3;pp4;pp1];
    ma3dface(5,pp);

    end
    end

    % 腹杆

for n=1:nb
    for m=1:na
```

```
            pp1=s2c1(p0,r,rx,rz,a0+(m-1)*a,b0+(n-1)*b);
            pp2=s2c1(p0,r-h,rx,rz,0.5*a+a0+(m-1)*a,0.5*b+b0+(n-1)*b);


            pp=[pp1,pp2];
            ma3dline(3,0.13,pp); %ma3dline(layer,th,p3)


            pp1=s2c1(p0,r,rx,rz,a0+(m-1)*a,b0+n*b);
            pp=[pp1,pp2];
            ma3dline(3,0.13,pp); %ma3dline(layer,th,p3)


            pp1=s2c1(p0,r,rx,rz,a0+m*a,b0+n*b);
            pp=[pp1,pp2];
            ma3dline(3,0.13,pp); %ma3dline(layer,th,p3)


            pp1=s2c1(p0,r,rx,rz,a0+m*a,b0+(n-1)*b);
            pp=[pp1,pp2];
            ma3dline(3,0.13,pp); %ma3dline(layer,th,p3)
    end
end
%%%%%%%%%%%%%%%%%%%%%%%%%%%%%
  macldwg;
fprintf('\n Ok,%s 文件已经形成。\n',strcat(pwd,'\',fo));


function p=s2c1(p0,r,rx,rz,a,b)
%p0 为球心,r 为球半径,rx 为球东向的单位矢量,rz 为球北向的单位矢量,
%a 为经度,b 为纬度,p 为转化后的直角坐标。
ry=cross(rz,rx);
RX=[1,0,0];
RY=[0,1,0];
RZ=[0,0,1];
x=r*cos(b)*cos(a)*dot(rx,RX)+r*cos(b)*sin(a)*dot(ry,RX)+r*sin(b)*dot(rz,RX);
x=x+p0(1);
y=r*cos(b)*cos(a)*dot(rx,RY)+r*cos(b)*sin(a)*dot(ry,RY)+r*sin(b)*dot(rz,RY);
y=y+p0(2);
z=r*cos(b)*cos(a)*dot(rx,RZ)+r*cos(b)*sin(a)*dot(ry,RZ)+r*sin(b)*dot(rz,RZ);
z=z+p0(3);
p=[x,y,z];
```

mlf.lsp 程序的源代码如下：

```
;本程序 mlf.lsp 的功能:根据曲面函数,修改线和面的坐标,以改变图形的形态。
(defun c:mlf()
(setvar "cmdecho" 0)
```

```
(setq laf (getstring "\n 请输入线或面集合的层名 [0]:"))
  (if (=laf "")
    (setq laf "0")
    )
(princ "\n 请选择线或面集合:")
(setq ss (ssget (list (cons 8 laf))))
(princ "0:幂函数 f=k1*z^k2+k3;1:三角函数;2:鞍面函数;3:球面投影函数\n")
(setq m (getint "请选择变换函数的编号 (0/1/2/3) [3]:"))
(if (=m nil)
    (setq m 3)
  )
;输入函数需要的参数 z=k1*z^k2+k1
(if (=m 0);幂函数
  (progn
   (setq k1 (getreal "幂函数的乘子 k1=?[1]"))
   (if (=k1 nil)
    (setq k1 1)
    )
   (setq k2 (getreal "幂函数的指数 k2=?[1]"))
   (if (=k2 nil)
    (setq k2 1)
    )
   (setq k3 (getreal "幂函数的截距 k3=?[0]"))
   (if (=k3 nil)
    (setq k3 0)
    )
   );progn
);if
  (if (=m 2);马鞍面函数 z=(x^2/a^2-y^2/b^2)/c
  (progn
  (setq p0 (getpoint "请输入局部坐标原点 p0=?[30，30，0]"))
   (if (=p0 nil)
    (setq p0 (list 30 30 0))
    )
   (setq k1 (getreal "请输入参数 a=?[1]"))
   (if (=k1 nil)
    (setq k1 1)
    )
   (setq k2 (getreal "请输入参数 b=?[1]"))
   (if (=k2 nil)
    (setq k2 1)
    )
```

```
  (setq k3 (getreal "请输入参数 c=?[100]"))
  (if (=k3 nil)
   (setq k3 100)
   )
  );progn
);if
(if (=m 3) ;球面投影函数
  (progn
   (setq p0 (getpoint "请输入球心坐标 p0=?[30,30,-90]"))
   (if (=p0 nil)
    (setq p0 (list 30 30  -90))
    )
   (setq k1 (getreal "r=?[100]"))
   (if (=k1 nil)
    (setq k1 100)
    )
  );progn
);if
(setq md (getint "请选择对直线的处理模式(0:不处理;1:仅对起点 p1 处理;2:仅对终点 p2 处理;
3:对起点与终点均处理(0/1/2/3)[0]:"))
  (if (=md nil)
    (setq md 0)
   )
;对选择集处理
(setq index 0)
(setq ns_g (sslength ss))
(repeat ns_g
(setq en (ssname ss index))
(setq el (entget en)
  index (1+index)
  )
(if (or
    (="3DFACE" (cdr (assoc 0 el)))
    (="LINE" (cdr (assoc 0 el)))
    )
  (progn
  ;;;;;;;;;   LINE 对线元处理
(if (and
    (="LINE" (cdr (assoc 0 el)))
    (/=md 0)
    )
  (progn
```

```
  ; for p1
(if (=md 1)
  (progn
  (setq p (cdr (assoc 10 el)))
  (setq pp (fun m p p0 k1 k2 k3 ))
  (setq el (subst (cons 10 pp) (assoc 10 el) el))
  (entmod el)
  )
)
; for p2
(if (=md 2)
  (progn
  (setq p (cdr (assoc 11 el)))
  (setq pp (fun m p p0 k1 k2 k3 ))
  (setq el (subst (cons 11 pp) (assoc 11 el) el))
  (entmod el)
    )
  )
; for p1&p2
(if (=md 3)
(progn
  (setq p (cdr (assoc 10 el)))
  (setq pp (fun m p p0 k1 k2 k3 ))
  (setq el (subst (cons 10 pp) (assoc 10 el) el))
  (entmod el)
  (setq p (cdr (assoc 11 el)))
  (setq pp (fun m p p0 k1 k2 k3 ))
  (setq el (subst (cons 11 pp) (assoc 11 el) el))
  (entmod el)
  )
  )
);progn
);if line
;;; 3dface 对面元处理
(if (="3DFACE" (cdr (assoc 0 el)))
  (progn
;;; p1;;;;
  (setq p (cdr (assoc 10 el)))
  (setq pp (fun m p p0 k1 k2 k3 ))
  (setq el (subst (cons 10 pp) (assoc 10 el) el))
  (entmod el)
  ;;; p2;;;;
```

```
  (setq p (cdr (assoc 11 el)))
  (setq pp (fun m p p0 k1 k2 k3))
  (setq el (subst (cons 11 pp) (assoc 11 el) el))
  (entmod el)
  ;;; p3;;;;
  (setq p (cdr (assoc 12 el)))
  (setq pp (fun m p p0 k1 k2 k3 ))
  (setq el (subst (cons 12 pp) (assoc 12 el) el))
  (entmod el)
  ;;; p4;;;;
  (setq p (cdr (assoc 13 el)))
  (setq pp (fun m p p0 k1 k2 k3 ))
  (setq el (subst (cons 13 pp) (assoc 13 el) el))
  (entmod el)
    ) ;pro
    ) ;==3DAFCE
);progn
); if or
);end re
(princ)
);end defun
;;;;;;;;;子程序;;;;;;;;;;;;;
(defun fun(m p p0 k1 k2 k3)
;幂函数
(if (=m 0)
(progn
  (setq x (car p))
  (setq y (cadr p))
  (setq z (caddr p))
  (setq z (*(expt z k2) k1))
  (setq z (+z k3))
  (list x y z)
  );end of pro
);end of if
;正弦函数 z=sin(x)*sin(y)
(if (=m 1)
(progn
  (setq x (car p))
  (setq y (cadr p))
  (setq z (*(sin x) (sin y) ))
  (list x y z)
  );end of pro
```

```lisp
);end of if
;马鞍面函数 z=(x^2/a^2-y^2/b^2)/c
(if (=m 2)
(progn
   (setq x (car p))
   (setq y (cadr p))
   (setq p (sub p p0))
   (setq x1 (car p))
   (setq x1 (/x1 (expt k1 2)))
   (setq y1 (cadr p))
   (setq y1 (/y1 (expt k2 2)))
   (setq z (/(-  (* x1 x1) (*y1 y1)) k3))
   (setq z (-z (caddr p0)))
   (list x y z)
  );end of pro
);end of if
;球面投影。
(if (=m 3)
(progn
   (setq rp (sub p p0))
   (setq rp (std rp))
   (setq p (add p0 (muy rp k1)))
   (setq x (car p))
   (setq y (cadr p))
   (setq z (caddr p))
  );end of pro
);end of if
(list x y z)
);end of defun
;***********定义矢量求模的函数*********
(defun mod(r1)
   (distance r1 (list 0 0 0))
)
;***********定义矢量标准化的函数*******
(defun std(r1)
   (muy r1 (/1 (mod r1)))
)
;***********定义矢量乘标量的函数*******
(defun muy(r1 k/xt yt zt)
(setq xt (*(car r1) k))
(setq yt (*(cadr r1) k))
(setq zt (*(caddr r1) k))
```

```
  (list xt yt zt)
)
;*********定义矢量相减的函数***********
(defun sub(r1 r2/xt yt zt)
(setq xt (-(car r1) (car r2)))
(setq yt (-(cadr r1) (cadr r2)))
(setq zt (-(caddr r1) (caddr r2)))
  (list xt yt zt)
)
;***********定义矢量相加的函数*********
(defun add(r1 r2/xt yt zt)
(setq xt (+(car r1) (car r2)))
(setq yt (+(cadr r1) (cadr r2)))
(setq zt (+(caddr r1) (caddr r2)))


  (list xt yt zt)
)
;;;;;;;;;;;;;;;;;;;;;;;;;;;;;;;;;;;;;;;
```

2.6　过程参数化曲面造型

空间曲面造型主要有如下方法：
（1）基于曲面函数的方法。
（2）基于曲线运动的曲面与网格生成方法，如拉伸、扫掠、放样、旋转等。
（3）基于样条函数自由型参数曲面的 NURBS 方法。
（4）基于受力变形的曲面与网格生成方法。
（5）基于曲面编辑的方法，如布尔运算、平滑处理等。
下面主要介绍基于曲线运动与受力变形的曲面与网格生成方法。

2.6.1　基于曲线运动的曲面与网格生成方法

AutoCAD 命令中虽然有支持曲线运动形成曲面的方法，但不能控制网格的质量与尺寸。针对此问题，提出基于轮廓曲线沿曲线路径运动形成曲面与网格的方法，此方法不仅可进行曲面造型，而且能形成质量与尺寸可控的网格，其具体过程与要点如下：
（1）根据建筑的功能与造型要求，通过 pline、pedit、stretch 等命令，初拟平面多义线（lwpolyline），以表达建筑的外轮廓曲线［图 2.6-1（a）、图 2.6-3（a）］与运动路径曲线［图 2.6-1（b）、图 2.6-3（b）］。
（2）根据网格尺寸的范围，构建多义线的节点个数与相邻节点距离，或采用 divide 命令由曲线产生点（point）。若直接采用多义线来表达轮廓曲线与路径曲线，则采用 wpp.lsp 程序将多义线的节点输出为坐标的文本文件；若通过曲线派生的点来表达轮廓曲线与路径曲线，则采用 wph.lsp 程序将多义线的节点信息输出为点的句柄与坐标的文本文件，其中点的句柄反映点产生的顺序。

（3）对上述轮廓与路径的节点信息文件，采用 pl2sf.m 程序读入数据后进行数据处理，包括对轮廓与路径曲线的封闭及按句柄进行排序等处理，并根据输入的参数，包括固定方向矢量及其随机影响因子等，结合 SCR 接口函数与矢量运算函数，形成曲面与网格的 SCR 文件。同时，根据轮廓与路径曲线派生的点生成相应的多义线。

（4）在 AutoCAD 中，采用 script 命令运行上述 SCR 文件，可迅速生成如图 2.6-2、图 2.6-4、图 2.6-5 所示的曲面与网格。

（5）若曲面与网格不合适，则可通过相关编辑命令，调整外轮廓曲线与路径曲线及相关参数，并重新执行上述过程（2）及其下的操作内容。

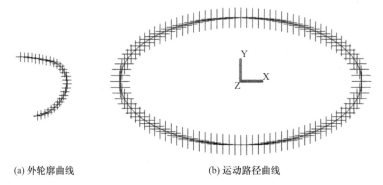

(a) 外轮廓曲线   (b) 运动路径曲线

图 2.6-1 轮廓与路径多义线及其派生点（一）

图 2.6-2 体育场建筑外形的曲面与网格

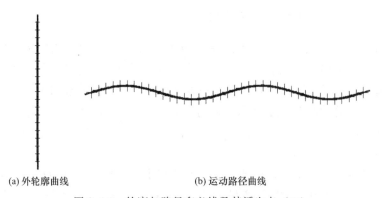

(a) 外轮廓曲线   (b) 运动路径曲线

图 2.6-3 轮廓与路径多义线及其派生点（二）

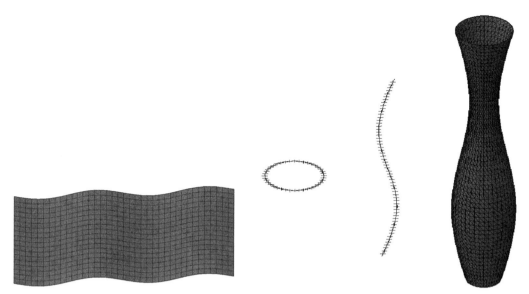

图 2.6-4 波浪形屋顶的
曲面与网格

图 2.6-5 花瓶状建筑外形的轮廓、路径、
派生节点、曲面及网格

wpp.lsp 程序的源代码如下：

```
;本程序 wpp.lsp 的功能:将二维多义线的节点坐标输出为文本文件。
(defun c:wpp()

(setq k (getdist "\n 请输入坐标比例系数 K[1]:"))
(if (=k nil)
    (setq k 1)
)

(setq nd (getint "\n 请输入坐标小数点的位数 1[3]:"))

(if (=nd nil)
    (setq nd 3)
)

(setq fn (getstring"请输入坐标文件名?[d:\\tt\\pp.txt]"))
(if (=fn "")
    (setq fn "d:\\tt\\pp.txt")
)

(setq fi (open fn "w"))
(setq en (entsel "请选择多义线\n"))
(setq el (entget (car en)))
(if (="LWPOLYLINE" (cdr (assoc 0 el)))
```

```
(progn
 (setq n 0)
 (repeat  (length el)
 (setq n (1+n))
 (if (=10 (car (nth n el)))
  (progn
    (setq txt "")
    (setq p1 (cdr (nth n el)))
    (setq p1 (trans p1 0 1))
    (setq x (car p1))
    (setq y (cadr p1))
    (setq z (caddr p1))
    (setq x (*k (/x 1)))
    (setq y (*k (/y 1)))
    (setq z (*k (/z 1)))
    (setq ch (rtos x 2 nd))
    (setq txt (strcat txt ch))
    (setq ch ",")
    (setq txt (strcat txt ch))
    (setq ch (rtos y 2 nd))
    (setq txt (strcat txt ch))
    (setq ch ",")
    (setq txt (strcat txt ch))
    (setq ch (rtos z 2 nd))
    (setq txt (strcat txt ch))
    (write-linetxt   fi)
); end of progn
); end of if
);end of re   (length el)
);end pro
(progn
(princ "提示:未选中平面多义线！\n")
)
); end of if
(close fi)
(if (="LWPOLYLINE" (cdr (assoc 0 el)))
(princ (strcat fn " 文件已经形成。"))
)
(princ)
);end of defun
```

wph. lsp 程序的源代码如下：

```
;本程序 wph.lsp 的功能:点的句柄与坐标(采用 divide 命令获得)输出为文本文件。
(defun c:wph()
(setq lan (getstring "\n 输入点集合的层名[0]:"))
(if (=lan"")
  (setq lan "0")
)

(setq k (getdist "\n 请输入坐标比例系数 K[1]:"))
(if (=k nil)
  (setq k 1)
)

(setq nd (getint "\n 请输入坐标小数点的位数 1[3]:"))
(if (=nd nil)
(setq nd 3)
)

(setq fn (getstring"请输入句柄及坐标文件名?[d:\\tt\\hp.txt]"))
(if (=fn "")
  (setq fn "d:\\tt\\hp.txt")
)

(setq fi (open fn "w"))
(princ "请选择 pline 等分割(divide)后产生的点集\n")
(setq ss (ssget (list (cons 0 "point") (cons 8 lan))))
(setq index 0)
(repeat (sslength ss)
  (setq el (entget (ssname ss index))
    index (1+index)
  )
    (setq txt "")
    (setq p1 (cdr (assoc 10 el)))
    (setq p1 (trans p1 0 1))
    (setq ch (cdr (assoc 5 el)))
    (setq txt (strcat txt ch))
    (setq ch ",")
    (setq txt (strcat txt ch))

    (setq x (car p1))
    (setq y (cadr p1))
    (setq z (caddr p1))
    (setq x (*k (/x 1))
```

```
    (setq y (* k (/y 1)))
    (setq z (* k (/z 1)))
    (setq ch (rtos x 2 nd))
    (setq txt (strcat txt ch))
    (setq ch ",")
    (setq txt (strcat txt ch))
    (setq ch (rtos y 2 nd))
    (setq txt (strcat txt ch))
    (setq ch ",")
    (setq txt (strcat txt ch))
    (setq ch (rtos z 2 nd))
    (setq txt (strcat txt ch))
    (write-linetxt   fi)
);end of re
(close fi)
(princ (strcat fn " 文件已经形成。"))
(princ)
);end of defun
```

pl2sf. m 程序的源代码如下：

```
%本程序 pl2sf.m 的功能：根据轮廓 pline 的节点及运动路径 pline 的节点，
%采用 SCR 接口函数，形成具有网格的曲面造型。
%初始化
 echo off all
 clear all
 XR=[1,0,0]; %X 轴单位矢量
 YR=[0,1,0]; %Y 轴单位矢量
 ZR=[0,0,1]; %Z 轴单位矢量


fo=input('请输入要生成的 SCR 文件名:[d:\\tt\\tt.scr]\n','s')
if size(fo)==[0 0];fo='d:\tt\tt.scr';end;
fod=fopen(fo,'w');
if fod==-1
    fprintf('不能打开此文件(%s),请重新输入路径与文件名！\n',fo)
  return;
 end
mode=input('请输入数据类别(0 为 pline 的节点坐标；…
1 为 divide 生成的点集[1]\n');
 if size(mode)==[0 0];mode=1;end;
  if mode ==0
  fn=input('请输入轮廓多义线坐标文件[pp.txt]:\n','s');
  if size(fn)==[0 0];fn='d:\tt\pp.txt';end;
```

```
    fnd=fopen(fn,'r')
      if fnd==-1
      fprintf('程序退出,相关路径无法读取此文件: %s\n',fi);
        return
      end
  fclose(fnd);
  pp=textread(fn,'','delimiter',',');
  fp=input('请输入路径多义线坐标文件[path.txt]:\n','s');
      if size(fp)==[0 0];fp='d:\tt\path.txt';end;
  fpd=fopen(fp,'r')
      if fpd==-1
      fprintf('程序退出,相关路径无法读取此文件: %s\n',fp)
        return
      end
  fclose(fpd);
  path=textread(fp,'','delimiter',',');
  else
      ne=[];
    fn=input('请输入轮廓线点集坐标文件[hp.txt]:\n','s');
  if size(fn)==[0 0];fn='d:\tt\hp.txt';end;
    fnd=fopen(fn,'r')
      if fnd==-1
      fprintf('程序退出,相关路径无法读取此文件: %s\n',fn);
        return
      end
      while 1
      LINE=fgetl(fnd); %读取文本文件的一行
        if LINE<0   % 到文件尾,跳出循环!
        break
      end;
      bp=str2num1(LINE);
      str=str2cell(LINE,',');
      hd=hex2dec(str{1});
      ne=[ne;[hd,bp(2),bp(3),bp(4)]];
      end
      ne=sortrows(ne,1);
      pp=ne(:,2:4);
      fclose(fnd);
      ne=[];
      fp=input('请输入路径点集坐标文件[hpath.txt]:\n','s');
      if size(fp)==[0 0];fp='d:\tt\hpath.txt';end;
        fpd=fopen(fp,'r')
```

```
        if fpd==-1
          fprintf('程序退出,相关路径无法读取此文件: %s\n',fp);
          return
        end
        while 1
         LINE=fgetl(fpd); %读取文本文件的一行
          if LINE<0   %到文件尾,跳出循环!
           break
         end;
        bp=str2num1(LINE);
        str=str2cell(LINE,',');
        hd=hex2dec(str{1});
        ne=[ne;[hd,bp(2),bp(3),bp(4)]];
        end
        ne=sortrows(ne,1);
        path=ne(:,2:4);
        fclose(fpd);
    end
    np=input('请输入面的边数[3]\n');
    if size(np)==[0 0];np=3;end;
    fb=input('路径是否封闭[1]\n');
    if size(fb)==[0 0];fb=1;end;
    if fb==1
     path=[path;path(1,:)];
    end
    fb1=input('轮廓是否封闭[0]\n');
    if size(fb1)==[0 0];fb1=0;end;
    if fb1==1
      pp=[pp;pp(1,:)];
    end
    si=size(path);
    mr=si(1);
    si=size(pp);
    nr=si(1);
    la=input('请输入面的层名:[0]\n ','s')
    if size(la)==[0 0];la='0';end;
    rp0=input('请输入路径坐标参考点[0,0,0]\n');
    if size(rp0)==[0 0];rp0=[0,0,0];end;
    rp1=input('请输入沿路径运动的轮廓线参考点[pp(1,1),pp(1,2)]\n');
    if size(rp1)==[0 0];rp1=[pp(1,1),pp(1,2)];end;
    dr=input('轮廓线对应的方向(1:路径线的径向;2:路径线的法向;…
3:固定方向)[2]\n');
```

```
   if size(dr)==[0 0];dr=2;end;
     if dr==3
       dr0=input('请输入轮廓线对应的固定方向矢量[1,0,0]\n');
       if size(dr0)==[0 0];dr0=[1,0,0];end;
       kr=input('请输入固定方向矢量的随机影响因子[1]\n');
       if size(kr)==[0 0];kr=1;end;
       ra=rand(mr,3);
     end
   fprintf(fod,'setvar osmode 0\n'); %osnap 节点捕捉不起作用!!!
   fprintf(fod,'grid off\n');
for m=1:mr-1
    for n=1:nr-1
      if dr==1|dr==3
        if dr==1;rn=path(m,:)-rp0;end
        if dr==3;rn=dr0+[ra(m,1)*kr,ra(m,2)*kr,0];end
        rn(3)=0;rn=rn/norm(rn);%标准化方向矢量
        kx=dot(XR,rn);
        ky=dot(YR,rn);
        p1=rp0+path(m,:)-[rp1(1)*kx,rp1(1)*ky,rp1(2)];
        p1=p1+[pp(n,1)*kx,pp(n,1)*ky,pp(n,2)];
        p2=rp0+path(m,:)-[rp1(1)*kx,rp1(1)*ky,rp1(2)];
        p2=p2+[pp(n+1,1)*kx,pp(n+1,1)*ky,pp(n+1,2)];
        if dr==1;rn=path(m+1,:)-rp0;end
        if dr==3;rn=dr0+[ra(m+1,1)*kr,ra(m+1,2)*kr,0];end
        rn(3)=0;rn=rn/norm(rn);%标准化方向矢量
        kx=dot(XR,rn);
        ky=dot(YR,rn);
        p3=rp0+path(m+1,:)-[rp1(1)*kx,rp1(1)*ky,rp1(2)];
        p3=p3+[pp(n+1,1)*kx,pp(n+1,1)*ky,pp(n+1,2)];
        p4=rp0+path(m+1,:)-[rp1(1)*kx,rp1(1)*ky,rp1(2)];
        p4=p4+[pp(n,1)*kx,pp(n,1)*ky,pp(n,2)];
      end %end of if dr==1 | dr==3
      if dr==2
        if m==1
          if fb==1
            r1=path(2,:)-path(1,:);
            r2=path(mr-1,:)-path(1,:);
            rn=-(r1+r2)/2;
          else
            r1=path(2,:)-path(1,:);
            rn=cross(r1,ZR);
          end
```

```
else
    r1=path(m-1,:)-path(m,:);
    r2=path(m+1,:)-path(m,:);
    rn=-(r1+r2)/2;
end
r0=path(m,:)-rp0;
if norm(rn)<1e-5
  rn=-cross(r1,ZR);
end
if dot(r0,rn)<0
  rn=-rn;%保证法向与径向方向大致相同
end;
rn(3)=0;rn=rn/norm(rn);%标准化方向矢量
kx=dot(XR,rn);
ky=dot(YR,rn);
p1=rp0+path(m,:)-[rp1(1)*kx,rp1(1)*ky,rp1(2)];
p1=p1+[pp(n,1)*kx,pp(n,1)*ky,pp(n,2)];
p2=rp0+path(m,:)-[rp1(1)*kx,rp1(1)*ky,rp1(2)];
p2=p2+[pp(n+1,1)*kx,pp(n+1,1)*ky,pp(n+1,2)];
if m==mr-1
    if fb==1
        r1=path(m,:)-path(m+1,:);
        r2=path(2,:)-path(m+1,:);
        rn=-(r1+r2)/2;
    else
        r1=path(m,:)-path(m+1,:);
        rn=-cross(r1,ZR);
    end
else
    r1=path(m,:)-path(m+1,:);
    r2=path(m+2,:)-path(m+1,:);
    rn=-(r1+r2)/2;
end
if norm(rn)<1e-5
  rn=-cross(r1,ZR);
end
if dot(r0,rn)<0
  rn=-rn;%保证法向与径向方向大致相同
end;
rn(3)=0;rn=rn/norm(rn);%标准化方向矢量
kx=dot(XR,rn);
ky=dot(YR,rn);
```

```
        p3=rp0+path(m+1,:)-[rp1(1)*kx,rp1(1)*ky,rp1(2)];
        p3=p3+[pp(n+1,1)*kx,pp(n+1,1)*ky,pp(n+1,2)];
        p4=rp0+path(m+1,:)-[rp1(1)*kx,rp1(1)*ky,rp1(2)];
        p4=p4+[pp(n,1)*kx,pp(n,1)*ky,pp(n,2)];
      end %end of if dr==2
      if isnan(norm([p1,p2,p3,p4]))==1
        fprintf('在 dr=%d,m=%d,n=%d 时,出现错误,请检查相关数据! \n',dr,m,n);
        return
      end
      if np==3
        ppt=[p1;p2;p3;p3];
        a3dface(fod,la,ppt);
          ppt=[p1;p3;p4;p4];
        a3dface(fod,la,ppt);
      else
          ppt=[p1;p2;p3;p4];
        a3dface(fod,la,ppt);
      end
    end
end
if mode==1
    la='0';
    wid=norm(pp(1,:)-pp(2,:))/10;
    apline(fod,la,0,wid,pp);
    apline(fod,la,0,wid,path);
end
fclose(fod);
fclose all
fprintf('\n Ok,%s 文件已经形成。\n',fo);
```

2.6.2 基于受力变形的曲面与网格生成方法

对下述曲面网格结构的受力变形问题:

平衡方程: $M(X)\ddot{U}+C(X)\dot{U}+K(X)U=F(X,t)$ (线性或非线性);

位移约束条件: $U(x_i,y_i,z_i)=[U_i]$ (相应位移的限值), $i=1,2,\cdots,n$;

其他约束条件: $f_m(X)<=[f_m]$ (相应函数的限值), $m=1,2,\cdots,m$。

上式中: X 为设计参数 (包括布置、材料、截面、约束及荷载等方面的参数), 其解 $U_z=f(x,y)$ 或 $U_z=-f(x,y)$ 即代表所求曲面。

选择适当的设计参数, 一般来说, 总可找到所需要的曲面。如适当增加支柱, 以控制指定节点的高度; 又如增加某条线上梁的刚度, 以控制曲面的形态; 再如增加荷载与减小整体刚度, 以控制曲面的矢高等。

某酒店需要后加单层网壳屋顶, 其建筑平面如图 2.6-6 所示。

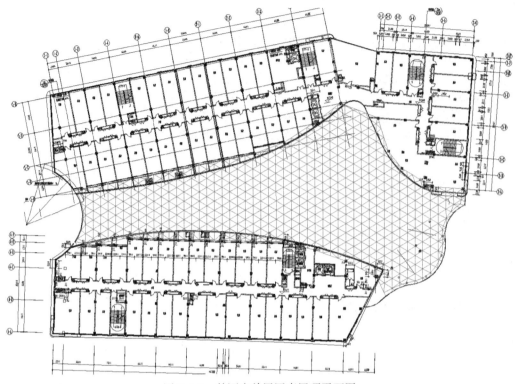

图 2.6-6　某酒店单层网壳屋顶平面图

结构设计时，若无网壳的曲面造型，需结构工程师进行造型设计与网格划分。造型时，需要考虑空间形态的美观性、排水的流畅性、受力的合理性、造价的经济性及施工的便利性等要求，并经业主认可后进行后续的设计。研究后，决定采用基于受力变形的曲面与网格生成方法，其过程与要点如下：

（1）根据建筑的形状及支承柱的布置情况，确定网壳平面的轮廓。

（2）对平面轮廓内的区域进行网格化，采用三角形网格，其标准网格长度可取 2m，如图 2.6-7 所示。

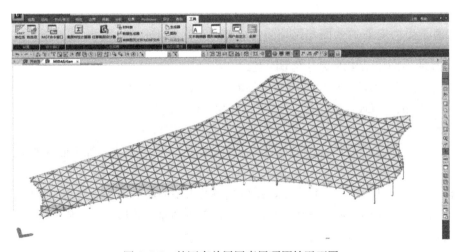

图 2.6-7　某酒店单层网壳屋顶原始平面图

（3）将网格导入 MIDAS Gen，布置网壳周边支承柱，给杆件赋合适的材料和截面，给周边支承柱端及杆件之间施加合适的变形约束条件。

（4）按最大变形为 5m，控制施加自重的倍数，使其产生竖向变形。如图 2.6-8 所示。

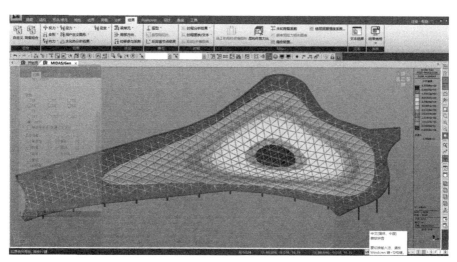

图 2.6-8　某酒店单层网壳原始平面在重力作用下的变形图

（5）根据变形结果的数据 xls 文件，通过程序 mgt2new.m，修改 MIDAS Gen 的文本模型文件（mgt 文件），更新模型的节点坐标，如图 2.6-9 所示。

（6）判断空间形态是否满足要求，否，则调整相关参数进行分析，重复上述过程，直到满足要求为止。

（7）进行结构分析，判断安全性与经济性等指标是否满足要求，否，则调整相关参数进行分析，重复上述过程，直到满足安全性与经济性等指标要求为止。

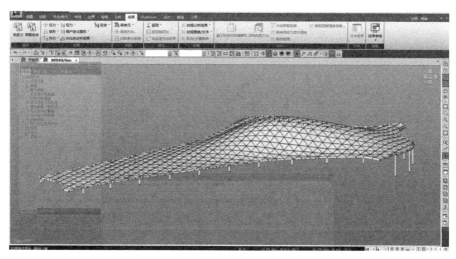

图 2.6-9　某酒店单层网壳的空间形态图

mgt2new.m 程序的源代码如下：

```
%本程序 mgt2new.m 的主要功能:根据曲面函数或位移结果,修改 Midas Gen 的文本模型文件(mgt 文
件),更新模型的节点坐标。
  echo off all
  clear all
  mark_node=0;

  mark=input('信息处理模式:1-按位移对节点坐标进行修改;2-函数曲面[1]:');
  if size(mark)==[0 0]
    mark=1;
  end

  fi=input('输入原 MGT 文件名[xyqd.mgt]:','s');
  if size(fi)==[0 0]
  fi='xyqd.mgt';
  end
  fid=fopen(fi,'r');
    if fid==-1
      fprintf('程序退出! 因为相关路径无此文件:%s\n',fi);
      return
    end

  fid=fopen(fi,'r'); %open
  if mark==1
  fw=input('输入位移(No,u,v,w)文本文件名(xls 或 txt 文件)[wy.xls]:','s');
  if size(fw)==[0 0]
  fw='wy.xls';
  end
  fwd=fopen(fw,'r');
    if fwd==-1
      fprintf('程序退出! 因为相关路径无此文件:%s\n',fw);
      return
    end

if length(findstr(fw,'.xls'))>0 %excel 文件
  dat=xlsread(fw);
  no=dat(:,1);
  u=dat(:,6);
  v=dat(:,7);
  w=dat(:,8);
else %txt 文件
%以空格为分隔符,将文本文件高效读入成矩阵。
  dat=textread(fw,'','delimiter',' ');
```

```
  no=dat(:,1);
  u=dat(:,2);
  v=dat(:,3);
  w=dat(:,4);
 end
end
 fo=input('输入新 MGT 文件名[new.mgt]: ','s');
 if size(fo)==[0 0]
  fo='new.mgt';
 end


  fod=fopen(fo,'w');

 sc=input('输入坐标放大系数([1,1,1]):');
  if size(sc)==[0 0]
   sc=[1,1,1];
  end

   dr=input('输入坐标平移矢量([0,0,0]):');
   if size(dr)==[0 0]
    dr=[0,0,0];
   end

  if mark==1
   sca=input('输入位移放大系数([1,1,-1]):');
   if size(sca)==[0 0]
    sca=[1,1,-1];
   end
  end


  if mark==2 %%需要对节点的 Z 坐标进行函数处理
    num=input('cus.m 文件中 cus(num,x,y)函数编号 num=(1~14)[1]:')
   if size(num)==[0 0]
     num=1;
   end
  end


while 1
    LINE=fgetl(fid);
    %%%%%  预处理  %%%%%%%%%%%%%%%%%

    if LINE<0  %到文件尾,跳出循环!
```

```
            break
    end;

    LINE=strtrim(LINE);%删去前面的空格

    if length(LINE)==0 %略去空行
        continue    %再读下一行
    end

      a=findstr(LINE,';');
    if length(a)>=1
     if a(1,1)==1   %略去以;为标志的注释行
        continue    %再读下一行
     end
    end
    %%%%%%%  主处理  %%%%%%%%%%%%%%
    if findstr(LINE,'*NODE')==1
        fprintf(fod,'*NODE\n');
        mark_node=1;
        continue
    end

    if mark_node==1 & length(findstr(LINE,','))==0
        mark_node=0;
    end
    if mark_node==1%处理节点数据
        bp=str2num1(LINE);

        if mark==1 %按位移对节点坐标进行修改
        %bp(1)为节点编号,以此求出对应位移u,v,w。
        %以 bp(1)为信息,在位移矩阵节点编号列阵 no 找出对应序号 xh。
        xh=find(no==bp(1));
        if length(xh)>0
        u1=u(xh);
        v1=v(xh);
        w1=w(xh);

        x1=bp(2)*sc(1)+u1*sca(1)+dr(1);
        y1=bp(3)*sc(2)+v1*sca(2)+dr(2);
        z1=bp(4)*sc(3)+w1*sca(3)+dr(3);
        else %无对应节点编号
        x1=bp(2)*sc(1)+dr(1);
```

```
            y1=bp(3)*sc(2)+dr(2);
            z1=bp(4)*sc(3)+dr(3);
        end  %length(xh)>0

        end  %mark==1

        if mark==2 %采用函数 z 坐标进行处理。
            %function p=cus(num, x, y, z),自定义的任意三维曲面函数。
            x1=bp(2);
            y1=bp(3);
            z1=bp(4);

            x1=x1+dr(1);
            y1=y1+dr(2);
            z1=z1+dr(3);

            x1=sc(1)*x1;
            y1=sc(2)*y1;
            z1=sc(3)*z1;

            p=cus(num,x1,y1,z1);
            x1=p(1);
            y1=p(2);
            z1=p(3);
        end  %mark==2
        fprintf(fod,'%d,%8.3f,%8.3f,%8.3f\n',fix(bp(1)),x1,y1,z1);
    else     %处理节点数据以外的信息
        fprintf(fod,'%s\n',LINE);    %按原来内容输出
    end % end of node
end % end of while


fclose(fid);
  if mark==1
  fclose(fwd);
end
  fclose(fod);
  fprintf('\n Ok,%s 文件已经形成。\n ',strcat(pwd,'\',fo))
  fclose all;
```

cus. m 程序的源代码如下：

%本程序 cus.m 的主要功能：根据曲面函数，产生曲面节点坐标。
%注意：仅对完全三角化的面进行函数处理，若有 4 边形面，则导入 MGT 文件时出错。

```
function p=cus(num,x,y,z)
switch num
case  0
  p=[x,y,z];
case  1
  % 多峰函数
z=3*(1-x^2)*exp(-x^2-(y+1)^2)-10*(x/5-x^3-y^3)*exp(-x^2-y^2)-exp(-(x+1)^2-y^2)/3;
p=[x,y,z];
case  1.1
  % 多峰函数
z=3*(1-x^2)*exp(-x^2-(y+1)^2)-10*(x/5-x^3-y^3)*exp(-x^2-y^2)-exp(-(x+1)^2-y^2)/3;
z=abs(z);
p=[x,y,z];
case  2
  % 单峰函数
z=sin(sqrt(x^2+y^2))/sqrt(x^2+y^2);
p=[x,y,z];
case 3
  % 鞍面函数
z=x^2-2*y^2;
p=[x,y,z];
case  4
  % 正多峰函数
z=3*(1-x^2)*exp(-x^2-(y+1)^2)-10*(x/5-x^3-y^3)*exp(-x^2-y^2)-exp(-(x+1)^2-y^2)/3;
z=abs(z);
p=[x,y,z];
case 5
z=x*exp(-x^2-y^2);
p=[x,y,z];
case 6
z=sin(sqrt(x^2+y^2))/sqrt(x^2+y^2)
p=[x,y,z];
case 7

z=x*exp(-x^2-y^2);
p=[x,y,z];
case 8
z=x^2+y^2+sin(x*y);
p=[x,y,z];
case 9
z=abs(x)*exp(-x^2-(4/3*y)^2);
p=[x,y,z];
case 10
```

```
z=sin(exp(x))*cos(exp(y));
p=[x,y,z];
case 11
%    z=abs(20*sin(x)*cos(y));
     z=(200^2-x^2-y^2)^0.5;
     p=[x,y,z];
case 12   %马鞍面
     z=x^2-y^2;
     p=[x,y,z];
case13   %z=sin(exp(x))*cos(exp(y)
     z=20*sin(x)*cos(y);
     p=[x,y,z];

case 14 %球面投影。

     p1=[70,30,-20];
     r=100;
     r=0.2*r*sin(rand(1))+0.8*r;%部分长度引入随机因子
     p2=[x,y,z];
     rp=p2-p1;
     rp0=rp/norm(rp);
     p=p1+rp0*r;

case 15 %平面投影。
     np=[1,1,1]; %平面法向
     pp=[150,150,150];   %平面上的点

     p1=[0,0,-10];   %发射点
     p2=[x,y,z];      %经过点
     rp=p2-p1;          %射线
     rp0=rp/norm(rp); %单位射向
     np0=np/norm(np); %单位法向
     dp=abs(dot(np,pp-p1));%p1到面np&pp的距离

     if dp>0
       r=dp/dot(np0,rp0);%射线长度
       r=0.3*r*rand(1)+0.7*r;%部分长度引入随机因子
       p=p1+rp0*r; %目标点
     else
       p=[];
     end
otherwise
end
```

第3章

单层曲面网壳梁单元欧拉角与
法向变曲率平移计算方法

3.1 曲面网格化

对建筑师在 Rhino 软件给定的空间曲面，如何形成结构的网格？以往通常采用切割曲面获取边线的方法，但此法不仅速度慢，而且网格质量难以控制。针对此问题，提出一个新的处理方法，即在 AutoCAD 环境下采用自编 AutoLisp 程序及 AutoCAD 命令的曲面投影方法，其主要过程及其技术要点如下：

1）建筑曲面条件

将建筑师在 Rhino 软件给定的空间曲面，如图 3.1-1 所示，按 sat 文件格式文件导出。

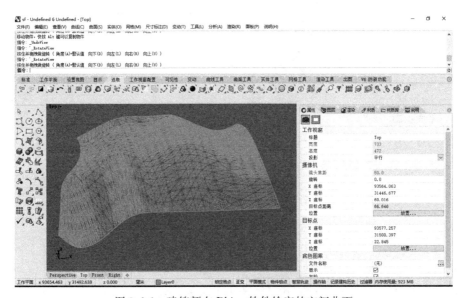

图 3.1-1 建筑师在 Rhino 软件给定的空间曲面

2）形成平面边界

将曲面的 sat 文件导入 AutoCAD，如图 3.1-2 所示，采用 XEDGES 命令提取曲面的边线，并采取程序 delz. lsp 消去边线的 Z 坐标，清理多余线条后，再采用程序 chlp. lsp 将边线形成一个整体的 pline 曲线；采用 offset 命令将封闭的 pline 线向内平移适当的距离，获得结构网格的平面边界。

3）形成平面网格

按适当的平面网格尺寸，将规则的 3dface 铺满边界，再转成平面曲面（planesurface），采用 union 命令对所有的曲面进行联合，按平面边界形成的曲面对联合后的曲面进

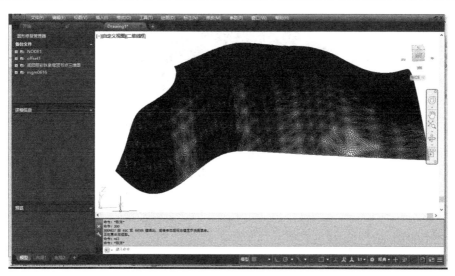

图 3.1-2　AutoCAD 中的空间曲面

行切割，删除平面边界以外的曲面；采用 meshoption 命令设置适当的网格参数，采用 meshsmooth 命令进行平面的网格划分，炸开后形成 3dface；采用程序 f3f. lsp 找出奇异的 3dface 并删除，并对边界相关的 3dface 作必要的处理，以形成如图 3.1-3 所示的平面网格。

4）由点变线

采用程序 f2p. lsp，由 3dface 生成节点（point），采用 overkill 删除重复的点；采用程序 p2l. lsp，由 point 生成 line，选择合适的长度，使得线穿过建筑所给的曲面，即形成如图 3.1-4 所示的效果。

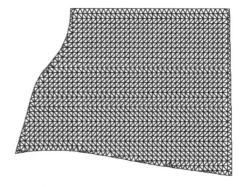

图 3.1-3　AutoCAD 中的平面网格

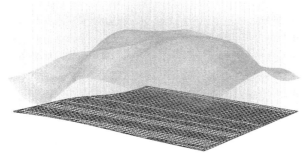

图 3.1-4　AutoCAD 中的投影线、平面网格及曲面

5）由线变面

采用程序 l2f. lsp，对上述垂线（line）作相应的三角形面（3dface），进一步转成曲面（surface），对其进行分块联合与分块曲面切割，炸开三角形曲面后，形成直线；采用程序 rel. lsp 保留垂直线（即移动方向矢量），可形成如图 3.1-5 所示的效果。

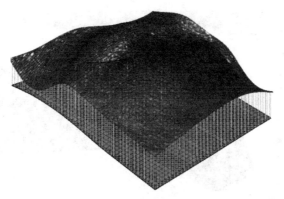

图 3.1-5 AutoCAD 中切割后的投影线、平面网格及曲面

6）曲面投影

首先在 AutoLisp 引入矢量运算，编制 mvf. lsp 程序，运行后使得三角面每个节点按移动方向矢量修改，实现对曲面的投影。

7）由面变线

采用程序 chfl. lsp 将 3dface 的边转变成 line，采用 overkill 删除重复的直线；将 line 与 3dface 设置于不同的层号，以便区分。至此，在 AutoCAD 已获得结构的网格，如图 3.1-6 所示。

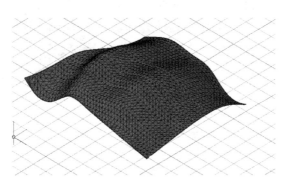

图 3.1-6 AutoCAD 中投影后的空间曲面网格

8）形成结构模型

将图形转化为 dxf 文件，再导入 MIDAS Gen，其 line 成为梁单元，其 3dface 成为虚面，用于导荷。至此，已形成了结构分析的几何模型，如图 3.1-7 所示。

delz. lsp 程序的源代码如下：

```
(defun c:delz()
;本程序 delz.lsp 功能:将图元 Z 坐标置 0,其效果等效为向 xoy 平面投影。
(setq ss (ssget))
  (setq index 0)
(repeat (sslength ss)

  (setq en (ssname ss index)
       e (entget en)
```

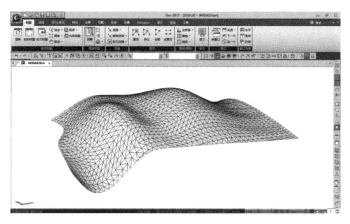

图 3.1-7　MIDAS Gen 中的空间杆件与虚面几何模型

```
       index (1+index)
  )
  (setq n 0)
  (repeat  (length e)
  (if
    (or (=10 (car (nth n e)))
        (=11 (car (nth n e)))
        (=12 (car (nth n e)))
        (=13 (car (nth n e)))
    )
    (progn
    (setq lp (cdr (nth n e)))
    (setq x (car lp))
    (setq y (cadr lp))
    (setq lp (list x y 0))
    (setq e (subst (cons (car (nth n e)) lp) (nth n e) e))
    (entmod e)
     );end pr
    );endif
   (setq n (1+n))
  );end of  repeat
 );end of repeat
(princ)
);end of defun
```

chlp. lsp 程序的源代码如下：

```
;本程序 chlp. lsp 的功能:将直线、圆弧与多义线连接起来形成一条整体的多义线。
(defun C:chlp() ;将直线与多义线连接起来
   (setq lw (getreal "请输入多义线的宽度[0.1]:"))
   (if (=lw nil)
```

```
      (setq lw 0.1)
    )
  (setq ss (ssget))
  (if ss
    (progn
      (setq entl (entlast))
      (setq ssl (sslength ss) n 0)
      (repeat ssl
        (setq sn (ssname ss n) en (entget sn))
  (if (member (setq ename (cdr (assoc 0 en))) '("LWPOLYLINE" "LINE" "ARC"))
  (progn
    (if en
      (progn
      (if (member (setq ename (cdr (assoc 0 en))) '("LINE" "ARC"))
      (progn
          (command "pedit" sn "y" "")
          (setq entl (entlast))
          (command "pedit" entl "j" ss "" "")
          (command "pedit" (entlast) "w" lw "")
      )
      )
      (if (member (setq ename (cdr (assoc 0 en))) '("LWPOLYLINE"))
      (progn
              (command "pedit" sn "w" lw "")
              (command "pedit" sn "j" ss "" "")
        (command "pedit" (entlast) "w" lw "")
    );end of pro
      );end of if
    );end of pro
    );end of if
  );end of pro
      ); end of pro
      (setq n (1+n))
    );end of re
    );endof pro
  ); end of if
  (princ)
);end of def
```

f3f.lsp 程序的源代码如下：

```
;本程序 f3f.lsp 的功能：根据边长情况查找相应的 3dface 集合。
(defun c:f3f()
```

```
  (setvar  "osmode" 0)
  (setq laf (getstring "\n 请输入 3dFACE 所在的层名 [0]:"))
  (if (=laf "")
    (setq laf "0")
    )


(setq nu (getint "\n 请输入 3dFACE 边长的性质 (2:min,1:mid,0:max)[0]:"))

  (if (=nu nil)
   (setq nu 0)
    )


(setq lmin (getreal"请输入长度最小值 [1]:"))
(if (=lmin nil)
    (setq lmin 1)
    )


(setq lmax (getreal"请输入长度最大值 [10]:"))
(if (=lmax nil)
    (setq lmax 10)
    )


(setq ss (ssget (list (cons 0 "3dface") (cons 8 laf ))))
  (setq s (ssadd))

(setq index 0)
(repeat (sslength ss)
  (setq el (entget (ssname ss index)))
index (1+index)
  )
;*************
  (setq p1 (cdr (assoc 10 el)))
  (setq p2 (cdr (assoc 11 el)))
  (setq p3 (cdr (assoc 12 el)))
  (setq p4 (cdr (assoc 13 el)))

  (setq d1 (distance p1 p2))
  (setq d2 (distance p2 p3))
  (setq d3 (distance p3 p4))
  (setq d4 (distance p4 p1))

  (setq dd (list d1 d2 d3 d4))
```

```
    (setq dd (sortlist dd))


    (setq dis (nth nu dd))
    (if (and (>=  dis lmin)
             (<=  dis lmax)
         )
    (ssadd (cdr (assoc -1 el)) s)
    )
  );end of repeat
  ;*********************
  (if (/=s nil)
  (command "select" s "")
  )
  (princ "\nthe set name is s")
  (princ)
); end of defun
  ;;;;;;;;;;;;;;;;;;;;;;;;;;;;;;;;
  (defun sortlist (l/lmax lt ltem vtem)
  (setq lt nil)
  (repeat (length l)
  (setq lmax (apply 'max l)) ;apply 将运算符传给表
  (setq lt (cons lmax lt))
  (setq ltem nil)
  (while (/=(setq vtem (car l)) lmax)
    (setq ltem (cons vtem ltem);cons 将表连结
          l (cdr l)
      )
  )
    (setq l (append ltem (cdr l)))
  ); repeat
  (setq l lt)
  (setq l (reverse l));倒排,即由大到小
  );defun
```

f2p.lsp 程序的源代码如下:

```
;本程序 f2p.lsp 的功能:由 3dface 生成节点(point)。
(defun c:f2p()
  (setq lain (getstring "\n 请输入 3dface 所在的层号[0]:"))
  (if (=lain "")
    (setq lain "0")
  )
```

```lisp
  (setq laout (getstring "\n 请输入 point 所在的层号[0]:"))
  (if (=laout "")
    (setq laout "0")
)


(setq ss (ssget (list (cons 0 "3dface") (cons 8 lain ))))
 (setq index 0)
 (setq ns_g (sslength ss))
 (repeat ns_g
  (setq en (ssname ss index)
        el (entget en)
index (1+index)
 )


  (setq p0 (cdr (assoc 10 el)))
  (setq p1 (cdr (assoc 11 el)))
  (setq p2 (cdr (assoc 12 el)))
  (setq p3 (cdr (assoc 13 el)))

(entmake(list (cons 0 "point")
              (cons 8 laout)
              (cons 10 p0)
            )
 )


(entmake (list (cons 0 "point")
              (cons 8 laout)
              (cons 10 p1)
            )
  )


(entmake (list (cons 0 "point")
              (cons 8 laout)
              (cons 10 p2)
            )
  )


  (entmake (list (cons 0 "point")
              (cons 8 laout)
              (cons 10 p3)
            )
  )
```

```
);end re
(princ)
);end def
```

p2l. lsp 程序的源代码如下：

```
;本程序 p2l.lsp 的功能:由点按长度画垂直线。
(defun c:P2L();将点转为垂直线段

  (setq lain (getstring "\n 请输入 point 所在的层号[0]:"))
  (if (=lain "")
    (setq lain "0")
    )

  (setq laout (getstring "\n 请输入 line 所在的层号[0]:"))
  (if (=laout "")
    (setq laout "0")
    )

  (setq h (getreal"请输入线段的长度[50]:"))
  (if (=h nil)
    (setq h 50)
    )

 (setq ss (ssget (list (cons 0 "point") (cons 8 lain ))))
 (setq index 0)
 (setq ns_g (sslength ss))
 (repeat ns_g
  (setq en (ssname ss index)
        el (entget en)
      index (1+index)
   )

  (setq p1 (cdr (assoc 10 el)))
  (setq x1 (car p1))
  (setq y1 (cadr p1))
  (setq z1 (caddr p1))
  (setq p2 (list x1 y1 (+z1 h)))

  (entmake (list (cons 0 "line")
            (cons 8 laout)
       (cons 10 p1)
       (cons 11 p2)
```

```
        )
    )
       (entdel en) ;删除 point

  );end re
 (princ)
);end def
```

l2f.lsp 程序的源代码如下：

```
;本程序 l2f.lsp 功能:将直线变成具有特征的三角面(三角旗)。
(defun c:l2f()

  (setq lan (getstring "\n 请输入直线的层名 [0]:"))
  (if (=lan"")
    (setq lan "0")
       )

(setq laf (getstring "\n 请输入三角面的层名 [0]:"))
  (if (=laf"")
    (setq laf "0")
       )

(setq pf (getint "\n 请输入三角面垂直线起点[1 为直线的起点]:"))

  (if (=pf nil)
   (setq pf 1)
    )

  (setq th (getdist "\n 请输入三角面水平短边直线长度[1]:"))
  (if (=th nil)
   (setq th 1)
    )

(princ "\n 请选择直线的集合:")
(setq ss (ssget (list (cons 0 "line") (cons 8 lan ))))
(setq index 0)
(repeat (sslength ss)
  (setq    en (ssname ss index)
          e (entget en)
index (1+index)
)
(progn
```

```
(if (=pf 1)
(setq lp1 (cdr (assoc 10 e)))
(setq lp1 (cdr (assoc 11 e)))
)

(if (=pf 1)
(setq lp2 (cdr (assoc 11 e)))
(setq lp2 (cdr (assoc 10 e)))
)

    (setq x1 (car lp1))
(setq y1 (cadr lp1))
    (setq lp3 (list (+x1 th) y1 0))

    (entmake (list (cons 0 "3dface")
            (cons 8 laf)
            (cons 10 lp1)
            (cons 11 lp2)
            (cons 12 lp3)
            (cons 13 lp3)
        )
      )
    (entdel en) ;删除 line
  );end of pro

  );end of repeat
 (princ)
); end ofdefun
```

rzl.lsp 程序的源代码如下:

```
;本程序 rzl.lsp 的功能:对选择的直线(LINE)集合,仅保留垂直线。
(defun c:rzl()

(setq lan (getstring "\n 输入直线集合的层名[0]:"))
  (if (=lan"")
    (setq lan "0")
)

(setq te (getreal "\n 请输入距离容差[1e-3]:"))
  (if (=te nil)
    (setq te 1e-3)
    )
```

```
(princ "\n 选择包含垂直线的直线集合:")
 (setq ss (ssget (list (cons 0 "line") (cons 8 lan ))))
 (setq index 0)
  (repeat (sslength ss)
    (setq  en   (ssname ss index)
          el (entget en)
         index (1+index)
  )
   (setq lp1 (cdr (assoc 10 el)))
   (setq lp2 (cdr (assoc 11 el)))
   (setq x1 (car lp1))
   (setq y1 (cadr lp1))
   (setq x2 (car lp2))
   (setq y2 (cadr lp2))

   (setq dx (abs (-x1 x2)))
   (setq dy (abs (-y1 y2)))
   (setq dd (+dx dy))
   (if (>dd te)
    (progn
      (entdel en)
     )
     )
  );end repeat
 (princ)
);end of defun
```

mvf.lsp 程序的源代码如下：

```
;本程序 mvf.lsp 的功能:将三维面及其相关线沿相连的法线移动。
(defun c:mvf();

  (setq lan (getstring "\n 输入直线集合的层名[0]:"))
  (if (=lan"")
    (setq lan "0")
    )

(princ "\n 请选择直线的集合:")
    (setq ssa (ssget (list (cons 0 "line") (cons 8 lan ))))

(setq laf (getstring "\n 请输入三维面及相关直线集合的层名 [0]:"))
  (if (=laf "")
    (setq laf "0")
```

```
    )

(princ "\n 请选择三维面及相关直线的集合:")
 (setq ssb (ssget (list (cons 8 laf ))))

  (setq sr (getreal "\n 请输入法向移动距离(可正负)[0 为按法线的长度]:"))
  (if (=sr nil)
    (setq sr 0)
    )

  (setq pf (getint "\n 请输入 3dface 与相连法线的起点[1]:"))
  (if (=pf nil)
    (setq pf 1)
    )

(setq te (getreal "\n 请输入距离容差[1e-3]:"))
  (if (=te nil)
    (setq te 1e-3)
    )

(setq indexa 0)
(repeat (sslength ssa) ;对法线循环
  (setq ela (entget (ssname ssa indexa))
          indexa (1+indexa)
  )
(progn
(if (=pf 1)
  (setq lp1 (cdr (assoc 10 ela)))
  (setq lp1 (cdr (assoc 11 ela)))
)

(if (=pf 1)
  (setq lp2 (cdr (assoc 11 ela)))
  (setq lp2 (cdr (assoc 10 ela)))
)
  (setq rn (sub lp2 lp1))
  (setq rn (std rn ))
;法线长度调整
(if (>sr 0)
  (progn
    (setq pt (add lp1 (muy rn sr)))
   (if (=pf 1)
```

```
   (progn
    (setq ela (subst (cons 11 pt) (assoc 11 ela) ela))
    (entmod ela)
    )
    (progn
     (setq ela (subst (cons 10 pt) (assoc 10 ela) ela))
     (entmod ela)
    )
   )
  )
 )

(if (<sr 0)
  (progn
    (setq pt (add lp1 (muy rn sr)))
   (if (=pf 1)
    (progn
     (setq ela (subst (cons 10 pt) (assoc 10 ela) ela))
     (entmod ela)
     )
    (progn
     (setq ela (subst (cons 11 pt) (assoc 11 ela) ela))
     (entmod ela)
     )
   )
  )
 )

(setq indexb 0)
(repeat (sslength ssb) ;对面循环
  (setq elb (entget (ssname ssb indexb))
        indexb (1+indexb)
  )
;;;;;;;;;;;;;;;;;;;;;line & 3dface;;;;;;;;;;;;;;;;;;;;;;;;
(if (="LINE" (cdr (assoc 0 elb)))
 (progn
  (setq p1 (cdr (assoc 10 elb)))
  (setq p2 (cdr (assoc 11 elb)))

(if (<(distance p1  lp1) te) ;线与线的第 1 点相连者,修改面的坐标。
(progn
 (if (/=sr 0)
```

```
(setq pt (add lp1 (muy rn sr)))
(setq pt lp2)
)

(setq elb (subst (cons 10 pt) (assoc 10 elb) elb))
(entmod elb)
);end of 3pro
);end of if
;;;;;;;;;;;;;;;;;;;;;;;;;;;;;;;;;;;;;;;;;;;;;;;;;;;;;;;;;;;;;;;;;;;;;
(if (<(distance p1   lp2)te) ;线与线的第 2 点相连者,修改面的坐标。
(progn
(if (/=sr 0)
(setq pt (add lp1 (muy rn sr)))
(setq pt lp2)
)

(setq elb (subst (cons 11 pt) (assoc 11 elb) elb))
(entmod elb)
);end of 3pro
);end of if
  )
)
;;;;;;;;;;;;;;;;;;;;3dface;;;;;;;;;;;;;;;;;;;;;
(if (="3DFACE" (cdr (assoc 0 elb)))
(progn
  (setq p1 (cdr (assoc 10 elb)))
  (setq p2 (cdr (assoc 11 elb)))
  (setq p3 (cdr (assoc 12 elb)))
  (setq p4 (cdr (assoc 13 elb)))

(if (<(distance p1   lp1)te) ;线与面的第 1 点相连者,修改面的坐标。
(progn
(if (/=sr 0)
(setq pt (add lp1 (muy rn sr)))
 (setq pt lp2)
)

(setq elb (subst (cons 10 pt) (assoc 10 elb) elb))
(entmod elb)
);end of 3pro
);end of if
```

```
(if (<(distance p2  lp1) te) ;线与面的第 2 点相连者,修改面的坐标。
(progn
(if (/=sr 0)
(setq pt (add lp1 (muy rn sr)))
(setq pt lp2)
)

(setq elb (subst (cons 11 pt) (assoc 11 elb) elb))
(entmod elb)
); end of 3pro
); end of if


(if (<(distance p3  lp1) te) ;线与面的第 3 点相连者,修改面的坐标。
(progn
(if (/=sr 0)
(setq pt (add lp1 (muy rn sr)))
(setq pt lp2)
)

(setq elb (subst (cons 12 pt) (assoc 12 elb) elb))
(entmod elb)
); end of 3pro
); end of if


(if (<(distance p4  lp1) te) ;线与面的第 4 点相连者,修改面的坐标。
(progn
(if (/=sr 0)
(setq pt (add lp1 (muy rn sr)))
(setq pt lp2)
)

(setq elb (subst (cons 13 pt) (assoc 13 elb) elb))
(entmod elb)
); end of 3pro
); end of if
) ; end of 2pro
); end of if 3dface
);end of re
); end of 1pro
);end of re
(princ)
);end of defun
```

```
;定义矢量运算的函数
;************定义矢量求模的函数*********
(defun mod(r1)
  (distance r1 (list 0 0 0))
)
;************定义矢量标准化的函数*********
(defun std(r1)
  (muy r1 (/1 (mod r1)))
)
;************定义矢量乘标量的函数*********
(defun muy(r1 k/xt yt zt);定义局部变量,以面干扰全局变量
 (setq xt (*(car r1) k))
 (setq yt (*(cadr r1) k))
 (setq zt (*(caddr r1) k))
   (list xt yt zt)
)
;************定义矢量相加的函数*********
(defun add(r1 r2/xt yt zt)
 (setq xt (+(car r1) (car r2)))
 (setq yt (+(cadr r1) (cadr r2)))
 (setq zt (+(caddr r1) (caddr r2)))


   (list xt yt zt)
 )
;*********定义矢量相减的函数************
  (defun sub(r1 r2/xt yt zt)
 (setq xt (-(car r1) (car r2)))
 (setq yt (-(cadr r1) (cadr r2)))
 (setq zt (-(caddr r1) (caddr r2)))
   (list xt yt zt)
 )
;**********定义矢量点积的函数************
 (defun dot(r1 r2/xx1 yy1 zz1 xx2 yy2 zz2);
 (setq xx1 (car r1) xx2 (car r2))
 (setq yy1 (cadr r1) yy2  (cadr r2))
 (setq zz1 (caddr r1) zz2 (caddr r2))
 (+(*xx1 xx2) (*yy1 yy2) (* zz1 zz2))
 )
;*********定义矢量叉积的函数************
 (defun cro(r1 r2/xx1 yy1 zz1 xx2 yy2 zz2 xt yt zt)
 (setq xx1 (car r1) xx2 (car r2))
 (setq yy1 (cadr r1) yy2  (cadr r2))
```

```
(setq zz1 (caddr r1) zz2 (caddr r2))
(setq xt (-(*yy1 zz2) (*zz1 yy2)))
(setq yt (-(*zz1 xx2) (*xx1 zz2)))
(setq zt (-(*xx1 yy2) (*yy1 xx2)))
(list xt yt zt)
)
```

chfl.lsp 程序的源代码如下：

```
;本程序 chfl.lsp 的功能:由 3dface 的边生成直线。
(defun c:chfl()

  (setq lain (getstring "\n 请输入 3dFACE 所在的层名 [0]:"))
  (if (=lain "")
    (setq lain "0")
    )

  (setq laout (getstring "\n 请输入 LINE 所在的层名[0]:"))
  (if (=laout "")
    (setq laout "0")
    )
  (command "layer" "m"laout  "")

(setq ss (ssget (list (cons 0 "3dface") (cons 8 lain ))))
(setq index 0)
(setq ns_g (sslength ss))

(repeat ns_g
  (setq el (entget (ssname ss index))
    index (1+index)
  )

  (setq p1 (cdr (assoc 10 el)))
  (setq p2 (cdr (assoc 11 el)))
  (setq p3 (cdr (assoc 12 el)))
  (setq p4 (cdr (assoc 13 el)))

  (entmake
        (list (cons 0 "line")
            (cons 8 laout)
            (cons 10 p1)
            (cons 11 p2)
            )
```

```
      )

   (entmake
         (list (cons 0 "line")
            (cons 8 laout)
            (cons 10 p2)
            (cons 11 p3)
           )
       )

  (if (and
       (/=(distance p1 p4) 0)
       (/=(distance p3 p4) 0)
         )
 (progn
   (entmake
         (list (cons 0 "line")
            (cons 8 laout)
            (cons 10 p3)
            (cons 11 p4)
          )
    )

    (entmake (list (cons 0 "line")
            (cons 8 laout)
            (cons 10 p4)
            (cons 11 p1)
            )
        )

   )
   (progn
      (entmake (list (cons 0 "line")
            (cons 8 laout)
            (cons 10 p3)
            (cons 11 p1)
          )
       )

  );end pro
 );end if
(princ)
```

```
);end re
);end def
```

3.2　梁单元欧拉角与梁单元定位第 3 点的关系

1）问题的提出

单层曲面网壳具有适用跨度大、美观等优点，因此该类型结构广泛用于大跨公共建筑屋盖形式。如深圳湾体育中心屋顶（图 3.2-1）和澳门某国际会议中心屋顶（图 3.2-2）均采用了单层曲面网壳。

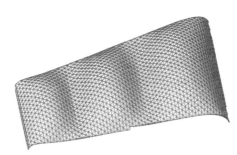

图 3.2-1　深圳湾体育中心屋顶　　　　　图 3.2-2　澳门某国际会议中心屋顶

但当单层曲面网壳中梁单元截面形式采用箱形、工字形等时，则存在空间梁单元定向问题，而此问题可采用梁单元第 3 点定向和梁单元欧拉角定向两种方法来处理。

（1）采用梁单元第 3 点定向法

即增加第 3 节点，以确定空间梁的方向，ABAQUS 采用此方法，如在 inp 文件中：

＊ELEMENT，TYPE＝B31，ELSET＝B5－5

3041，1822，1823，999

3041 为梁单元编号，1822 为梁第一节点编号，1823 为梁第二节点编号，999 为梁单元第 3 节点编号，其中第 3 节点确定空间梁的方向。

（2）采用梁单元欧拉角（Beta 角）定向法

即增加欧拉角（或称 Beta 角），来确定空间梁的方向，MIDAS Gen 采用此方法，如mgt 文件中：

1，BEAM　，　　6，　200，　8223，　8206，20

1 为梁单元编号，8223 为梁第一节点编号，8206 为梁第二节点编号，20 即是欧拉角，介于 0～360°之间。

以往求梁单元第 3 点或梁单元欧拉角均是采用手工算法，费工费时，效率极低，且容易出错，不适用于大规模单层曲面网壳设计。

为此，提出一种任意形状的单层曲面网壳梁单元欧拉角计算方法，可适用计算机编程运算，精度及效率均很高，可满足大规模单层曲面网壳设计的需求。

2）梁单元欧拉角的含义

如图 3.2-3 所示，工字截面空间梁的第 1 节点为 A 点、第 2 节点为 B 点、第 3 节点为 C 点，工字钢梁的腹板处在 ABC 点组成的平面内，x、y、z 对应单元局部坐标系中各轴，ABC′ 点组成的平面为铅直平面。

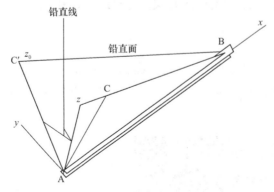

图 3.2-3　空间梁欧拉角定义示意图

空间梁的欧拉角（即 Beta 角）为局部坐标轴 z 与主平面为铅直面的空间梁之局部坐标轴 z_0 之间的角度（即图 3.2-3 中 zAz_0 对应的角度），也是将空间梁主平面绕梁自身轴（$-x$）转成铅直平面所需的转角，取值范围为 $0°\sim360°$。

其数学表达如下（为方便叙述，本节及下节表达式和符号按 MATLAB 语言格式）：

若 x-z 平面法向（y 轴）朝上，则 Beta=180/pi * acos(dot(zr0,zr))；

若 x-z 平面法向（y 轴）朝下，则 Beta=360-180/pi * acos(dot(zr0,zr))；

式中：dot( ) 为矢量点积运算函数，acos( ) 为反余弦函数，zr0 为 z0 轴对应的单位矢量，zr 为 z 轴对应的单位矢量。

3.3　单层曲面网壳梁单元欧拉角的算法及源代码

为了快速处理大规模单层曲面网壳梁单元欧拉角的计算问题，现提出如下算法：

（1）将单层曲面网壳进行三角化，即增加适当的虚梁（刚度接近 0 的梁），使得网格均为三角形网格。另外，要保证虚梁位置在最接近曲面的面上，否则，应对梁单元进行分割并增加相应的虚梁。

（2）基于 Midas Gen 中文本文件 MGT 的格式，建立节点文件 node. txt 与坐标文件 element. txt。

node. txt 的部分内容如下：

; iNO（节点编号），X（x 坐标值），Y（y 坐标值），Z（z 坐标值）

1, 0, 0, 0

2, 10, 0, 0

……

element. txt 的部分内容如下：

; iBNO（梁单元编号），NO1（第 1 节点编号），NO2（第 2 节点编号）

1,　 12,　 　21

```
2,    20,    22
3,    20,    22
    ......
```

（3）对任意梁单元，其第 1 节点编号为 NO1，其第 2 节点编号为 NO2。

通过 element. txt，找出与节点 NO1 相连的节点集合 S1（即 S1 中的每一个节点与节点 NO1 组成了梁单元）、与节点 NO2 相连的节点集合 S2（即 S2 中的每一个节点与节点 NO2 组成了梁单元）。

对 S1 与 S2 做交集运算，得其结果 S12，即 S12＝S1∩S2。

S12 只可能是两个结果：1 个节点或 2 个节点；

当结果为 1 个节点（NOa）时，此梁必是边梁。此时，梁的法向 n 取三角形 NO1，NO2，NOa 的法向 n1；即 n＝n1。

当结果为 2 个节点（NOa，NOb）时，此梁必是中梁，其法向 n 与两个三角形相关，且梁的法向 n 取两个三角形法向的平均值，即 n＝(n1＋n2)/2。

因此可得定向第 3 点坐标矢量 p3＝(p1＋p2)/2＋1 * n。

式中：p1、p2 为梁单元两节点坐标矢量。

空间梁及相关面示意图如图 3.3-1 所示。

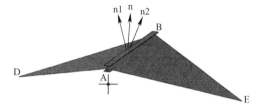

图 3.3-1　空间梁及相关面的法向示意图

（4）假定全局坐标系中 z 轴对应的矢量为 Z＝[0，0，1]。

① 梁处在铅直平面中，梁的局部坐标轴对应的矢量 xr0 由下式求得：

$$xr＝p2-p1；xr0＝xt/norm(xr)；$$

式中：norm() 为求矢量范数的函数。

梁的局部坐标轴对应的矢量 yr0 由下式求得：

$$yr0＝cross(Z,xr0)；$$

式中：cross() 为矢量叉积运算函数。

梁的局部坐标轴对应的矢量 zr0 由下式求得：

$$zr0＝cross(xr0,yr0)。$$

② 当梁不处在铅直平面中，梁的局部坐标轴对应的矢量 xr0 由下式求得：

$$xr＝p2-p1；xr0＝xt/norm(xr)；$$

式中：norm() 为求矢量范数的函数。

$$zrt＝p3-p1；$$

梁的局部坐标轴对应的矢量 yr 由下式求得：

$$yr＝cross(zrt,xr)；yr＝yr/norm(yr)；$$

梁的局部坐标轴对应的矢量 zr 由下式求得：

$$zr＝cross(xr,yr)。$$

（5）求空间梁的欧拉角 Beta

若 x-z 平面法向（y 轴）朝上，即 dot(yr，Z)＞0，则

$$Beta＝180/pi * acos(dot(zr0,zr))；$$

若 x-z 平面法向（y 轴）朝下，即 dot(yr, Z)＜0，则

$$\text{Beta}=360-180/\text{pi} * \text{acos}(\text{dot}(\text{zr0},\text{zr}));$$

式中：dot() 矢量点积运算函数，acos() 为反余弦函数。

上述算法的流程如图 3.3-2 所示。

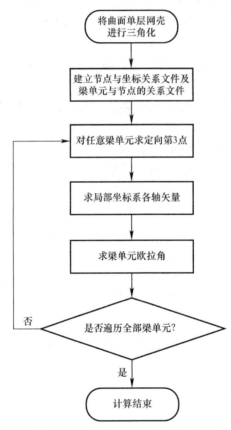

图 3.3-2　空间梁欧拉角计算流程图

mgtang.m 程序的源代码如下：

```
%本程序 mgtang.m 的功能:修改空间三角形网壳结构 MIDAS 模型中的梁单元方向角。
%初始化
clear all
global fpi_g
global fpo_g

global tabaddr_g
global blkdaddr_g
global blkaddr_g
global layaddr_g
global styaddr_g
global ltyaddr_g
```

```
global viewaddr_g
global totsize_g
global entcnt_g

cwd=pwd;
cd(tempdir);
cd(cwd);
ne=[];%节点坐标数据(n,x,y,z)
mark_node=0;
mark_element=0;
mark_dp=0;
mark_db=0;

fi=input('请输入原 MGT 文件名[xyqd.mgt]: ','s');
   if size(fi)==[0 0];fi='xyqd.mgt';end
fid=fopen(fi,'r');
     if fid==-1
       fprintf('相关路径中不存在%s 文件\n',fi);
       return
     end

fo=input('请输入新 MGT 文件名[xyqd1.mgt]: ','s');
  if size(fo)==[0 0];fo='xyqd1.mgt';end;
  fod=fopen(fo,'w');

  ft=input('请输入图形验证的 DWG 文件名[xyqd1.dwg]:','s'); %用于结果的图形验证。
  if size(ft)==[0 0];ft='xyqd1.dwg';end;

offset=input('请输入方向矢量长度(向上为正)[2]?');
  if size(offset)==[0 0];offset=2;end;

  d3f=input('是否需要画三维三角形面(0:不画;1:画)[0]?');
  if size(d3f)==[0 0];d3f=0;end;

  try
  maopdwg(ft);
  catch
  maopdwg('c1.dwg');
  end

fprintf('请稍候...! \n');
tic;
```

```
%%% 获取节点与梁元数据 %%%
while 1
    LINE=fgetl(fid);

    %%%%% 预处理 %%%%%
    if LINE<0
        break
    end;

    if length(LINE)==0 % 略去空行
        continue  % 再读下一行
    end

    LINE=strtrim(LINE); % 读去掉前后空格
    a=findstr(LINE,';');
    if length(a)>0
    if a(1)==1  % 略去以;为首字符标志的注释行
        continue  % 再读下一行
    end
    end
      %%%%%%% 主处理 %%%%%%%
        if findstr(LINE,'*NODE')==1
        mark_node=1;
          continue
          elseif mark_node==1 & length(findstr(LINE,','))==0
          mark_node=0;
          end

        if findstr(LINE,'*ELEMENT')==1
          jj=1;
          mark_element=1;
            continue
        elseifmark_element==1 & length(findstr(LINE,','))==0
          mark_element=0;
            % 以下数据忽略
          break;
        end

      if mark_node==1
      bp=str2num1(LINE);
      ne=[ne;[bp(1),bp(2),bp(3),bp(4)]];
      end  % end of node
```

```
    if mark_element==1
     el=str2mat1(LINE);
     eln=strtok(el(2,:));

     if strcmp(eln,'BEAM')
          % fprintf(fod,'%s\n',LINE)
       bp=str2num1(LINE);
       db(jj,1)=bp(1); %梁编号
       db(jj,2)=bp(5); %节点1编号
       db(jj,3)=bp(6); %节点2编号
       jj=jj+1;
      end % end of beam
    end % end of element
   end % end of while 1


 fclose(fid);
%%%  主程序部分  %%%
  %XH=(1:length(ne(:,1)))'; % 节点序号
   BH=ne(:,1) ;              % 节点编号
   XR=[1,0,0];
   YR=[0,1,0] ;
   ZR=[0,0,1];


 mp=[];
fid=fopen(fi,'r'); % 再次打开原 MGT 文件。
while 1
   LINE=fgetl(fid);
   if LINE<0
      break
   end;
    if findstr(LINE,'* ELEMENT')==1
      fprintf(fod,'%s\n',LINE); %将相应行按原数据输出
    mark_element=1;
     continue
    elseifmark_element==1 & length(findstr(LINE,','))==0
      fprintf(fod,'%s\n',LINE); %将相应行按原数据输出
    mark_element=0;
    continue
    end
    if mark_element==1
     el=str2mat1(LINE);
     eln=strtok(el(2,:));
```

```
 bp=str2num1(LINE);
 imat=round(bp(3));
if strcmp(eln,'BEAM') & imat<100 %假定>100 为虚梁材料。

xn=[];%相连起始节点 bp(5)相连节点编号的集合
yn=[];%相连终止节点 bp(6)相连节点编号的集合

for ii=1:length(db(:,1)) %对梁单元循环
  if round(db(ii,2))==round(bp(5))
   xn=[xn,round(db(ii,3))];
  end
  if round(db(ii,3))==round(bp(5))
  xn=[xn,round(db(ii,2))];
  end

   if round( db(ii,2))==round(bp(6))
    yn=[yn,round(db(ii,3))];
   end
  if round(db(ii,3))==round(bp(6))
   yn=[yn,round(db(ii,2))];
  end
end

xy=[]; %求节点的交集
for ii=1:length(xn)
    for jj=1:length(yn)
      if(round(xn(ii))==round(yn(jj)))
       xy=[xy,round(xn(ii))];
      end
    end
end

    %由第 1 节点号 bp(5),求其坐标。
    ix=find(BH ==bp(5),1);
    p1=ne(ix,2:4);
    %由第 2 节点号 bp(6),求其坐标。
    ix=find(BH ==bp(6),1);
    p2=ne(ix,2:4);
    pp=[p1,p2];
    %杆件对应的三维直线
    ma3dline(0,0,pp);
    p0=(p1+p2)*0.5;
```

```
%仅对三角网格结构,即对杆件二端点的关系节点集合,其交集元素个数为 1 或 2。
%if length(xy)==0 为支承柱
  if length(xy)==1 | length(xy)==2

    ix=find(BH ==xy(1));
    pa=ne(ix,2:4);
    r1=p2-p1;

    r2=pa-p1;
    n1=cross(r1,r2);
    n1=n1/norm(n1);
    if dot(n1,ZR)<0
      n1=-n1;
    end
    p3=p0+n1*offset;

if length(xy)==2
    ix=find(BH ==xy(2));
    pb=ne(ix,2:4);

    r3=pb-p1;
    n2=cross(r1,r3);
    n2=n2/norm(n2);
    if dot(n2,ZR)<0
      n2=-n2;
    end

    if dot(n1,n2)>0 %判断相加的条件,同向可相加。
      n=0.5*(n1+n2);
      n=n/norm(n);
    else
      n=0.5*(n1-n2);
      n=n/norm(n);
    end

    if dot(n,ZR)<0 %保证 xoz 平面为铅直平面时局部坐标 zrg 轴朝上
      n=-n;
    end

    p3=p0+n*offset;
      %画方向矢量
      pp=[p0,p3];
```

```
        ma3dline(2,0,pp);
    else
            %画方向矢量
        pp=[p0,p3];
        ma3dline(2,0,pp);
    end
%%%  收集新的三角面中点,判断是否可画三角面。%%%
    if d3f==1
        mp1=(p1+p2+pa)/3;
        if length(mp)>0
        %构造关系矩阵,充分利用已知信息,减小运行时间。
            s=(mp(:,1)-mp1(1,1)).^2+(mp(:,2)-mp1(1,2)).^2+…
            (mp(:,3)-mp1(1,3)).^2;
            s=s.^0.5;
            sn=find(s<0.001);
            if length(sn)==0
              mp=[mp;mp1];
              pp=[p1,p2,pa,pa];
              ma3dface(1,pp);
            end
        else
            mp=[mp;mp1];
            pp=[p1,p2,pa,pa];
            ma3dface(1,pp);
        end


        if length(xy)==2
          mp1=(p1+p2+pb)/3;
s=(mp(:,1)-mp1(1,1)).^2+(mp(:,2)-mp1(1,2)).^2+(mp(:,3)-mp1(1,3)).^2;
          s=s.^0.5;
        sn=find(s<0.001);
          if length(sn)==0
            mp=[mp;mp1];
            pp=[p1,p2,pb,pb];
            ma3dface(1,pp);
          end
        end
    end

    xr0=r1/norm(r1);
    zr1=p3-p1;
    if dot(zr1,ZR)<0 %保证局部坐标 z 轴朝上
```

```
            zr1=-zr1;
         end


         yr=cross(zr1,xr0);%xr0=xrg;
         yr0=yr/norm(yr);%斜梁主平面未为铅直面时,局部坐标轴 y 的方向矢量 yr0。
         zr0=cross(xr0,yr0);%相应局部坐标轴 z 的方向矢量 zr0。
         if 1-abs(dot(xr0,ZR))<=1e-3  %xr//ZR 柱
          ang=180/pi*acos( dot(zr0,XR));
         else
          yrg=cross(ZR,xr0); %注意:xr0//ZR 时,此式无意义。
          yrg=yrg/norm(yrg);%斜梁主平面为铅直面时,局部坐标轴 y 的方向矢量 yrg。
          zrg=cross(xr0,yrg);%斜梁主平面为铅直面时,局部坐标轴 z 的方向矢量 zrg。
          if dot(zrg,ZR)<0 %保证 xoz 平面为铅直平面时局部坐标 zrg 轴朝上
           zrg=-zrg ;
           yrg=cross(zrg,xr0);
          end
           if dot(yr0,zrg)>=0
            ang=180/pi*acos(dot(zr0,zrg)) ; %ang=0~180° acos(x)=0~180
           else   %yr0 朝下
            ang=360-180/pi*acos(dot(zr0,zrg)); %ang=180°~360°
           end
          end
         fprintf(fod,'%s,%s,%s,%s,%s,%s,%8.4f,%s\n',…
          el(1,:),el(2,:),el(3,:),el(4,:),el(5,:),el(6,:),ang,0);
        else  %对支承柱等不求 beta 时,则按原数据输出。
          fprintf(fod,'%s\n',LINE);
        end
      else
         fprintf(fod,'%s\n',LINE); %非梁元数据时,则按原数据输出。
      end %end of beam
   else
      fprintf(fod,'%s\n',LINE); %非单元数据时,则按原数据输出。
   end %end of element
 end %end of while 1


%%%关闭打开文件,输出相关信息。
fclose(fid);
fclose(fod);
macldwg;
fprintf('\n Ok,图形验证文件%s 已经形成。',strcat(pwd,'\',ft));
fprintf('\n Ok,新的%s 文件已经形成。',strcat(pwd,'\',fo));
 fclose all
fprintf('本次程序运行时间为%g(s)。\n',fix(toc));
```

3.4 空间曲面法向变曲率平移程序的算法及源代码

空间曲面一般由建筑师造型，但表达的内容是建筑外形，而结构外形与建筑外形之间在法向是等距的，如何由建筑外形对应的曲面得到指定距离法向平移后的曲面？

此问题不能简单由移动命令操作解决，只有先将曲面三角化，并获得各节点的法矢量，然后将各节点沿法向移动，才能实现其目标。因此，采用手工处理则难以实现此目标。

针对上述问题，基于 DWG 接口函数，采用 MATLAB 语言编写了空间曲面法向变曲率平移程序。根据曲面对应 MIDAS Gen 的 MGT 文件及相关的几何参数，采用矢量相关算法，在 AutoCAD 中能快速地得到法向平移后的曲面。此程序可用于造型、分析等工作，还可为节点定位提供法向矢量。

该算法的要点如下：

（1）将网格进行三角化。若图形为四边形，则将其分为 2 个三角形。

（2）形成节点与三角单元数据。

（3）对节点进行循环，找出每个节点相关的三角形，求其各三角形法向矢量，并以节点对应的角度为权重因子，求节点的法向矢量。

（4）按法向矢量及给定的偏移距离，修改节点的坐标。

（5）基于 DWG 接口函数，绘制原有三角形网格及其节点法向矢量与平移后新的三角形网格。

该算法的流程如图 3.4-1 所示。

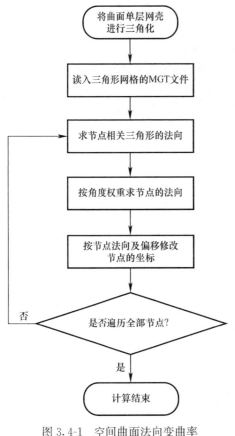

图 3.4-1 空间曲面法向变曲率
平移计算流程图

mgtoff. m 程序的源代码如下：

```
%本程序 mgtoff.m 的功能:将空间三角形网壳(即由三角形组成的网格)沿法向变曲率平
%移,并生成相应 DWG 文件。
clear all

global fpi_g
global fpo_g

global tabaddr_g
global blkdaddr_g
```

```
global blkaddr_g
global layaddr_g
global styaddr_g
global ltyaddr_g
global viewaddr_g
global totsize_g
global entcnt_g

%初始化
clear all
cwd =pwd;
cd(tempdir);
%pack
cd(cwd)
t1=round(clock);

    in=1;ii=1;jj=1;
    mark_node=0;
    mark_element=0;
    mark_dp=0;
    mark_db=0;

fi=input('请输入原 MGT 文件名[xyqd.mgt]: ','s')
   if size(fi)==[0 0];fi='xyqd.mgt';end
fid=fopen(fi,'r')
     if fid==-1
       fprintf('相关路径中不存在%s 文件\n',fi);
       return
     end

%获取节点及单元信息
fnp=input('请输入存贮节点信息的文件名[node.dat]: ','s');
   if size(fnp)==[0 0];fnp='node.dat';end
   fnd=fopen(fnp,'r');
     if fnd==-1
      mark_dp=0;
   else
       mark_dp=1;
     fclose(fnd)
     end

fnb=input('请输入存贮壳元信息的文件名[plate.dat]: ','s')
```

```
    if size(fnb)==[0 0];fnb='plate.dat';end
    fnd=fopen(fnb,'r')
        if fnd==-1
         mark_db=0;
        else
          mark_db=1;
            fclose(fnd)
        end

   fdwg=input('请输入 DWG 文件名[offset.dwg]:','s');
   if size(fdwg)==[0 0];fdwg='offset.dwg';end;
    if(fopen(fdwg,'w')==-1)
       c=clock;
       str=int2str(c(6));
       fdwg=strcat(str,fdwg);
       maopdwg(fdwg);
     else
      maopdwg(fdwg);
   end

   offset=input('请输入偏移距离(向下为正)[1]?')
   if size(offset)==[0 0];offset=1;end;

%%% 获取节点与壳元数据 %%%
ifmark_dp==1 & mark_db==1 %有相应数据文件存在,则进行高效读入;
ne=textread(fnp,'','delimiter',',');
db=textread(fnb,'','delimiter',',');
else %直接从 mgt 中读取
while 1
    LINE=fgetl(fid);

    if LINE<0
        break
    end;
    %行为注释行;xxx 或为空格行则过滤掉
    rt=findstr(LINE,';');
    if length(rt)~=0
        if rt(1)==1
        sm=1;
        end
    end
      if  sm==1 | sum(isspace(LINE))==length(LINE)
```

```
      sm=0;
      continue
  end

  [tr]=strtok(LINE);
  LINE=strcat(t,r);

    if findstr(LINE,'*NODE')==1
      fgetl(fid);
      mark_node=1;

      continue
    elseifmark_node==1 & length(findstr(LINE,','))==0
      mark_node=0;
    end

    if findstr(LINE,'*ELEMENT')==1

    mark_element=1;
      continue
  elseifmark_element==1 & length(findstr(LINE,','))==0
      mark_element=0;
    break;
  end

    if mark_node==1

      ne(ii,:)=str2num(LINE);
      ii=ii+1;
    end

  if mark_element==1
    el=str2mat1(LINE);
    eln=strtok(el(2,:));

    if strcmp(eln,'PLATE')
      bp=str2num1(LINE);
      db(jj,1)=bp(1);
      db(jj,2)=bp(5);
      db(jj,3)=bp(6);
      db(jj,4)=bp(7);
      db(jj,5)=bp(8);
```

```
        jj=jj+1;
       end % end of plate
      end % end of element
    end % end of while 1
  fclose(fid);
```

%%% 存储节点与壳元数据 %%%
```
  fnd=fopen(fnp,'w')
    fprintf(fnd,'%d,%g,%g,%g\n',ne');%按行输出,故采用转置。
 fclose(fnd);
  fnd=fopen(fnb,'w');
    fprintf(fnd,'%d,%d,%d,%d,%d\n',db');%按行输出,故采用转置。
 fclose(fnd);
end
```

%对节点循环,找出每个节点相关的壳单元集合,求其平均权重法向,再进行节点平移。
```
      rn=[0,0,0];
      ANG=0;
      ZR=[0,0,1];
      BH=ne(:,1) ;              %节点编号
   for n=1: length(ne(:,1))  %对节点个数循环
      xp=[];%相连壳单元数据的集合
      for ii=1:length(db(:,1)) %对壳单元循环
        if round(db(ii,2))==round(ne(n,1)) %与当前节点编号相同
         xp=[xp;db(ii,:)];     %则将其壳收入当前壳集合中
        end
        if round(db(ii,3))==round(ne(n,1))
         xp=[xp;db(ii,:)];
        end
        if round(db(ii,4))==round(ne(n,1))
         xp=[xp;db(ii,:)];
        end
      end  %对壳单元循环结束

      %求节点处平均法向
        if size(xp)~=[0 0] %壳单元集合不空
        nf=length(xp(:,1));  %壳单元当前集合总数
        rn=[0,0,0];
        ppt=[];
        ANG=0;
        for n1=1:nf %对相连壳单元集合总数循环
          ix=find(BH ==round(xp(n1,2)));%由节点编号求节点序号
```

```
    if ix~=n %如节点序号不同于主节点序号
      ppt=[ppt;ne(ix,2:4)];    %收集在当前节点集合 pp 中
    end

    %p1=ne(ix,2:4);
    ix=find(BH ==round(xp(n1,3)));%由节点编号求节点序号
    if ix~=n %如节点序号不同于主节点序号 n
      ppt=[ppt;ne(ix,2:4)];
    end

    %p2=ne(ix,2:4);
    ix=find(BH ==round(xp(n1,4)));%由节点编号求节点序号
    if ix~=n %如节点序号不同于主节点序号 n
      ppt=[ppt;ne(ix,2:4)];
    end

    pt=ne(n,2:4);%当前主节点
    pa=ppt(1,:);
    pb=ppt(2,:);
     r1=pa-pt;
     r2=pb-pt;
    xn=cross(r1,r2);
    xn=xn/norm(xn);

    if dot(xn,ZR)>0 %法向统一向下
      xn=-xn;
    end
    ang=acos(dot(r1,r2)/norm(r1)/norm(r2)); %以角度为权重因子
    rn=rn+xn* ang;%求矢量权重和
    ANG=ANG+ang;    %求角度和
  end
   rn=rn/ANG;%求矢量权重平均值
  rn=rn/norm(rn);
%节点法向移动,求新的节点坐标。
 ne1(n,2:4)=ne(n,2:4)+offset*rn;
 p1=ne(n,2:4);
  p2=p1+offset* rn;
  pp=[p1;p2];
 ma3dline(0,0,pp); %画平均法向线
 end
end    %对节点循环结束
```

```
%%% 依据原节点坐标,画原三角面。%%%
  for n1=1:length(db(:,1))
        ix=find(BH ==db(n1,2));%由节点编号求序号
        p1=ne(ix,2:4);
        ix=find(BH ==db(n1,3));%由节点编号求序号
        p2=ne(ix,2:4);
        ix=find(BH ==db(n1,4));%由节点编号求序号
        p3=ne(ix,2:4);
        if db(n1,5)==0
          pp=[p1;p2;p3;p3];
          ma3dface(0,pp);
        else
          ix=find(BH ==db(n1,5));%由节点编号求序号
          p4=ne(ix,2:4);
          pp=[p1;p2;p3;p4];
          ma3dface(0,pp);
        end
  end
```

```
%%% 依据新节点坐标,画新三角面。%%%
  for n1=1:length(db(:,1))
        ix=find(BH ==db(n1,2));%由节点编号求序号
        p1=ne1(ix,2:4);
        ix=find(BH ==db(n1,3));%由节点编号求序号
        p2=ne1(ix,2:4);
        ix=find(BH ==db(n1,4));%由节点编号求序号
        p3=ne1(ix,2:4);
        if db(n1,5)==0
          pp=[p1;p2;p3;p3];
          ma3dface(1,pp);
        else
          ix=find(BH ==db(n1,5));%由节点编号求序号
          p4=ne1(ix,2:4);
          pp=[p1;p2;p3;p4];
          ma3dface(1,pp);
        end
  end
```

```
%%% 关闭打开文件,输出相关信息。
macldwg;
fprintf('\n平移后的%s图形文件已经形成。',strcat(pwd,'\',fdwg))
fclose all;
```

```
t2=round(clock);
et=etime(t2,t1);
fprintf('\n 本次运行时间为%g(s)。\n',et);
```

3.5　单层曲面网壳节点及定向节点坐标的处理与表达

通过求欧拉角与法向变曲率平移等过程，在 AutoCAD 中可获得网壳杆件线、梁单元第 3 点的定向线及节点法向的定向线等，如图 3.5-1 所示，按现行施工图的出图标准，对节点信息，需采用节点编号及相应坐标组成的表格进行表达，其处理过程与要点如下：

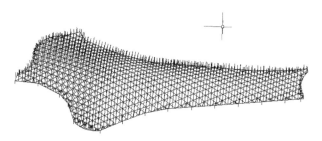

图 3.5-1　屋顶网壳杆件线及定向线

（1）采用 dps.lsp 程序，分别对杆件线、梁单元定向线、节点法向的定向线和虚面（3dface）等的节点进行处理，生成点元（point），并删除重复的点元及不需要处理的点元。

（2）再采用 dps.lsp 对点元进行编号，并将其编号数字隐含在点元的厚度中。

（3）采用 mps.lsp 对点元的编号进行显示，如图 3.5-2 所示。

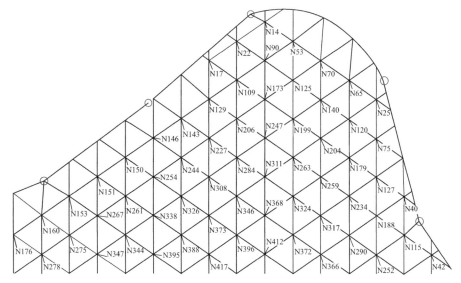

图 3.5-2　连接节点定向点编号

（4）采用 wps.lsp 将点元的编号及坐标输出至文本文件。

（5）将上述文本文件的内容填入坐标表中，如图3.5-3所示。

节点	X(m)	Y(m)	Z(m)	节点	X(m)	Y(m)	Z(m)	节点	X(m)	Y(m)	Z(m)	节点	X(m)	Y(m)	Z(m)	节点	X(m)	Y(m)	Z(m)
N1	-2.88	-0.074	23.808	N101	90.314	10.94	24.356	N201	88.357	7.193	25.036	N301	34.13	14.581	25.999	N401	71.91	19.469	27.236
N2	96.223	9.425	23.83	N102	19.792	3.019	24.352	N202	17.647	12.044	25.075	N302	38.317	6.501	25.984	N402	54.62	19.518	27.279
N3	96.177	11.902	23.835	N103	5.293	6.981	24.413	N203	19.704	13.332	25.065	N303	73.419	-1.788	25.978	N403	52.647	7.795	27.308
N4	-2.939	2.355	23.84	N104	88.176	-5.118	24.381	N204	71.763	28.872	25.03	N304	84.219	7.153	26.012	N404	63.016	4.089	27.275
N5	94.118	13.16	23.839	N105	36.192	20.928	24.285	N205	23.896	5.477	25.044	N305	84.182	4.627	26.039	N405	77.956	8.236	27.351
N6	-3.061	7.094	23.843	N106	7.37	5.696	24.415	N206	65.164	30.245	25.041	N306	80.195	14.644	25.977	N406	73.608	3.167	27.35
N7	-0.812	1.054	23.852	N107	5.275	9.518	24.445	N207	29.998	17.177	25.039	N307	77.856	-1.745	26.037	N407	69.333	3.017	27.33
N8	-3.006	4.74	23.849	N108	82.472	18.415	24.212	N208	78.232	20.723	24.947	N308	63.071	26.76	26.02	N408	48.543	10.436	27.575
N9	-2.987	11.835	23.865	N109	65.104	32.56	24.409	N209	88.364	4.693	25.074	N309	44.365	18.407	26.021	N409	50.596	9.102	27.581
N10	3.327	0.955	23.861	N110	83.899	-7.806	24.433	N210	44.522	2.764	24.975	N310	32.092	10.611	26.14	N410	75.795	4.505	27.433
N11	-3.039	9.449	23.863	N111	73.175	-6.603	24.364	N211	64.966	-2.018	24.964	N311	67.462	26.665	26.08	N411	48.514	13.095	27.477
N12	81.883	-11.118	23.855	N112	13.52	14.603	24.444	N212	34.2	4.1	25.073	N312	76.162	19.532	25.993	N412	67.552	21.681	27.412
N13	1.205	14.441	23.884	N113	38.367	1.638	24.359	N213	79.655	-5.332	25.106	N313	58.741	2.748	26	N413	69.746	20.664	27.406
N14	67.278	35.948	23.981	N114	21.756	17.142	24.421	N214	17.864	9.435	25.182	N314	81.971	0.812	26.136	N414	73.995	15.836	27.475
N15	-0.847	13.187	23.912	N115	78.267	23.119	24.299	N215	82.262	15.932	25.074	N315	36.242	7.923	26.147	N415	60.939	5.311	27.463
N16	77.421	-10.873	23.908	N116	42.367	22.209	24.316	N216	86.165	-1.531	25.146	N316	65.026	0.409	26.037	N416	76.024	12.13	27.53
N17	62.852	33.73	23.868	N117	13.583	4.35	24.47	N217	21.819	6.787	25.191	N317	71.895	24.211	26.077	N417	63.168	21.918	27.564
N18	94.272	10.805	23.928	N118	86.039	-6.377	24.466	N218	86.294	10.97	25.144	N318	34.167	3.263	26.202	N418	50.545	14.392	27.647
N19	94.274	8.173	23.93	N119	23.915	2.983	24.438	N219	28.013	5.424	25.184	N319	82.193	10.916	26.155	N419	67.249	4.204	27.609
N20	-0.898	3.405	23.942	N120	73.862	29.944	24.464	N220	24.65	2.718	25.091	N320	79.795	-0.494	26.181	N420	75.981	7.044	27.631
N21	1.258	2.192	23.949	N121	90.415	1.02	24.473	N221	19.741	8.11	25.237	N321	42.34	17.142	26.172	N421	50.575	11.743	27.698
N22	64.484	34.826	23.913	N122	7.337	10.785	24.519	N222	27.938	15.898	25.203	N322	48.578	5.227	26.128	N422	71.516	4.351	27.685
N23	7.371	15.764	23.928	N123	60.787	-2.081	24.323	N223	73.535	-4.201	25.176	N323	42.444	6.56	26.191	N423	58.86	6.551	27.667
N24	92.304	-2.541	23.943	N124	11.461	13.333	24.52	N224	36.177	18.63	25.165	N324	69.689	25.43	26.186	N424	75.958	9.591	27.715
N25	75.92	31.049	23.934	N125	69.472	32.463	24.511	N225	19.719	10.725	25.299	N325	34.147	11.927	26.286	N425	52.592	15.68	27.785
N26	5.586	2.115	23.973	N126	9.398	12.058	24.544	N226	44.544	9.26	25.131	N326	60.92	25.6	26.274	N426	73.705	5.699	27.805
N27	36.305	0.487	23.864	N127	76.188	26.495	24.47	N227	63.01	29.125	25.222	N327	71.325	-0.633	26.238	N427	52.541	10.409	27.815
N28	9.536	2	23.975	N128	52.621	0.293	24.363	N228	81.835	-4.08	25.284	N328	40.302	15.856	26.293	N428	56.783	7.813	27.787
N29	13.543	17.058	23.955	N129	62.949	31.449	24.484	N229	84.607	-2.811	25.246	N329	36.201	13.243	26.358	N429	71.883	17.025	27.773
N30	-0.948	5.837	24.003	N130	7.348	8.231	24.584	N230	58.332	4.059	25.229	N330	38.255	14.555	26.36	N430	61.009	20.701	27.768
N31	-0.941	10.755	24.004	N131	42.493	1.592	24.446	N231	25.882	14.61	25.313	N331	54.689	3.979	26.258	N431	54.709	9.099	27.84

图3.5-3　连接节点定向点编号及坐标表

dps.lsp程序的源代码如下：

```
;本程序dps.lsp的功能:由线(line)及面(3dface)生成节点对应的点元(point)
;并对其编号。
(defun c:dps()
  (setvar "cmdecho" 0)
  (COMMAND "OSNAP" "OFF")
  (setq lay (getstring "\n请输入点所在的层名[0]:"))
  (if (=lay "")
   (setq lay "0")
  )
  (setq bh (getint "\n请明确是否对点进行编号(0:不编号;1:编号)[0]"))
  (if (=bh nil)
  (setq bh 0)
  )
  (if (=bh 1)
  (progn
   (setq th0 (getreal "\n请输入起始编号(th=th0+nn*dth中的th0)[0]"))
   (if (=th0 nil)
    (setq th0 0)
   )
   (setq dth (getreal "\n请输入编号增量(th=th0+nn*dth中的dth)[1]"))
   (if (=dth nil)
    (setq dth  1)
```

```
      )
    (setq kt (getdist "\n 请输入编号与厚度之比 k=n/t[1e3]:"))
    (if (=kt nil)
      (setq kt 1e3)
      )
    );end of progn
  );end of if (=bh 1)
  (princ "请选择点和线等对象\n")
  (setq ss (ssget))
  (setq index 0)
  (setq nn 0)
(repeat (sslength ss)
  (setq en (ssname ss index)
        e (entget en)
        index (1+index)
  )
  (if
    (or
    (="LINE" (cdr (assoc 0 e)))
    (="3DFACE" (cdr (assoc 0 e)))
    (="POINT" (cdr (assoc 0 e)))
    )
(progn
;;;;;;;;;;;;;;;; LINE ;;;;;;;;;;;;;;;;;;;;;;;;;;;
  (if (and
      (=bh 0)
      (="LINE" (cdr (assoc 0 e)))
      )
  (progn
    (setq p1 (cdr (assoc 10 e)))
    (entmake (list (cons 0 "point")
            (cons 8 lay)
      (cons 39 0.001)
            (list 10 (car p1) (cadr p1) (caddr p1))
            )
    )
    (setq p2 (cdr (assoc 11 e)))
    (entmake (list (cons 0 "point")
            (cons 8 lay)
            (cons 39 0.002)
            (list 10 (car p2) (cadr p2) (caddr p2))
            )
```

```
      )
    )
  )
;;;;;;;;;;;;;;;;;;;;;;;;3DFACE;;;;;;;;;;;;;;;;;;;;;;;;;;;;;
    (if (and
        (=bh 0)
        (="3DFACE" (cdr (assoc 0 e)))
        )
    (progn
        (setq p1 (cdr (assoc 10 e)))
      (entmake (list (cons 0 "point")
              (cons 8 lay)
              (cons 39 0.001)
              (list 10 (car p1) (cadr p1) (caddr p1))
            )
      )

      (setq p2 (cdr (assoc 11 e)))
      (entmake (list (cons 0 "point")
              (cons 8 lay)
              (cons 39 0.002)
              (list 10 (car p2) (cadr p2) (caddr p2))
            )
      )
  (setq p3 (cdr (assoc 12 e)))
  (entmake (list (cons 0 "point")
              (cons 8 lay)
              (cons 39 0.003)
              (list 10 (car p3) (cadr p3) (caddr p3))
            )
      )
    (setq p4 (cdr (assoc 13 e)))
    (entmake (list (cons 0 "point")
              (cons 8 lay)
              (cons 39 0.004)
              (list 10 (car p4) (cadr p4) (caddr p4))
            )
    )
  );end pro
);end if
;;;;;;;;;;;;;;;;;;;; POINT ;;;;;;;;;;;;;;;;;;;;;
  (if
```

```
    (and
      (=bh 1)
      (="POINT" (cdr (assoc 0 e)))
     )
   (progn
     (setq nn (1+nn))
     (setq th (+th0 (*nn dth)))
     (setq th (/th kt))
     (setq e (subst (cons 39 th) (assoc 39 e) e))
     (entmod e)
    )
   )
;;;;;;;;;;;;;;;;;;;;;;;;;;;;;;;;;;;;;;;;;;;;;;;;;;;;;
  );end of prn
 ) ;end of if
); end of re
(princ)
);end of defun


(defun c:olth()
(setq n1 (getstring "输入图形的名字(LINE,3DFACE,POINT) [*]=?"))
(if (=n1 "")
  (setq n1 "*")
  )


(setq n3 (getstring "输入图形的层名[*]=?"))
(if (=n3 "")
  (setq n3 "*")
  )
(setq mint (getreal "\n输入图形的最小厚度[0.001]=?"))
(if (=mint nil)
  (setq mint 0.001)
  )
(setq maxt (getreal "\n输入图形的最大厚度[mint]=?"))
  (if (=maxt nil)
  (setq maxt mint)
  )
(setq sl (list (cons-4 "<and")
      (cons 0 n1)
      (cons-4 ">=") (cons 39 mint) (cons -4 "<=") (cons 39 maxt)
      (cons 8 n3)
            (cons -4 "and>")
```

```
    )
)
(setq ss (ssget sl))
); end of defun
```

mps.lsp 程序的源代码如下：

```
;本程序 mps.lsp 的功能:根据隐含的厚度,显示点的编号。
(defun c:mps ()
(command "osnap" "none")
(setvar "cmdecho" 0)
(setq lay (getstring "\n 请输入点所在的层名[0]:"))
(if (=lay "")
  (setq lay "0")
)
(setq kt (getdist "\n 请输入编号与厚度之比 k=n/t[1e3]:"))
(if (=kt nil)
(setq kt 1e3)
)
(setq h (getdist "\n 输入编号文字高度=[3]:"))
(if (=h nil)
  (setq h 3)
)
(setq ch1 (getstring"编号的前缀?[B]"))
(if (=ch1 "")
  (setq ch1 "B")
)
(princ "请选择点(point)集对象\n")
(setq ss (ssget (list (cons 0 "point") (cons 8 lay))))
(setq index 0)

(repeat (sslength ss)
  (setq el (entget (ssname ss index))
    index (1+index)
  )
    (setq p1 (cdr (assoc 10 el)))
    (setq p1 (trans p1 0 1))
    (setq th (cdr (assoc 39 el)))
    (setq nn (fix (* th kt)))
    (setq ch (itoa nn))
    (setq str (strcat ch1 ch ))
    (command "text" p1 h 0 str)
); end of re
```

```
(princ)
) ; end of defun
```

wps. lsp 程序的源代码如下：

```
;本程序 wps. lsp 的功能:将其编号及坐标输出至文本文件。
(defun c:wps()
(setq lay (getstring "\n 请输入点所在的层名[0]:"))
  (if (=lay "")
  (setq lay "0")
  )
(setq xy (getint "\n 请输入 X 与 Y 坐标的输出顺序(0:先 X 后 Y;1:先 Y 后 X)[0]"))
(if (=xy nil)
  (setq xy 0)
)
(setq kt (getdist "\n 请输入编号与厚度之比 k=n/t[1e3]:"))
(if (=kt nil)
  (setq kt 1e3)
)
(setq k (getdist "\n 请输入坐标比例系数 K[1]:"))
(if (=k nil)
  (setq k 1)
)
(setq nd (getint "\n 请输入坐标小数点的位数 1[3]:"))
(if (=nd nil)
   (setq nd 3)
)
(setq ch1 (getstring"编号的前缀?[B]"))
(if (=ch1 "")
  (setq ch1 "B")
)
(setq fn (getstring"Enter the TXT   file name=?[d:\\tt\\pt. txt]"))
(if (=fn "")
  (setq fn "d:\\tt\\pt. txt")
)
(setq fi (open fn "w"))
(princ "请选择点(point)集对象\n")
(setq ss (ssget (list (cons 0 "point") (cons 8 lay))))
(setq index 0)
(repeat (sslength ss)
   (setq el (entget (ssname ss index))
             index (1+index)
   )
```

```
    (setq txt "")
    (setq p1 (cdr (assoc 10 el)))
    (setq p1 (trans p1 0 1))
    (setq th (cdr (assoc 39 el)))
    (setq nn (fix (+(*th kt) 0.5)))
    (if (=xy 0)
    (progn
      (setq x (car p1))
      (setq y (cadr p1))
      )
    (progn
      (setq y (car p1))
      (setq x (cadr p1))
      )
    )
    (setq x (*k (/x 1)))
    (setq y (*k (/y 1)))
    (setq z (caddr p1))
    (setq z (*k (/z 1)))
    (setq ch (itoa nn))
    (setq txt (strcat  ch1 ch ))
    (setq ch ",")
    (setq txt (strcat txt ch))
    (setq ch (rtos x 2 nd))
    (setq txt (strcat txt ch))
    (setq ch ",")
    (setq txt (strcat txt ch))
    (setq ch (rtos y 2 nd))
    (setq txt (strcat txt ch))
    (setq ch ",")
    (setq txt (strcat txt ch))
    (setq ch (rtos z 2 nd))
    (setq txt (strcat txt ch))
   (write-linetxt  fi)
);end of re
   (close fi)
(princ (strcat fn "文件已经形成!"))
(princ)
);end of defun
```

3.6　欧拉角与法向变曲率平移计算方法的应用实例

1）工程概况

本项目位于澳门某国际会议中心，场地东侧靠海，其屋顶体系采用单层曲面网壳结构，南北长约 135.8m，南侧宽约 45m，北侧宽约 74m。几何形态呈 3 个山峰（南侧山峰、中间山峰和北侧山峰）和 2 个山谷，3 个山峰比高约 7.5m、9.5m 和 8.5m。节点数为 1531，杆件根数为 4365，面数为 2835。平均网格尺寸约 2700mm，最大网格尺寸 3217.39mm，最小网格尺寸 942.917mm，屋盖结构中间山峰最大顶标高为 37.5m，屋盖北侧支座处标高为 16.4m，屋盖南侧支座处标高为 25.9m，中间支座处标高为 27.7m，支座个数共 80 个。

2）主要问题

由于屋顶为空间曲面，其梁为空间梁，即其梁的主平面（腹板平面）不一定在铅直平面内，故此梁存在空间定向问题，即需要算出各梁的欧拉角。

建筑专业仅给出建筑表面，需要求得结构杆件所在曲面；另外，需要确定各节点的法向矢量。

3）处理方法与过程

采用上述单层曲面网壳梁单元欧拉角的计算程序、空间曲面法向变曲率平移程序及后述 MIDAS Gen 分析模型到 ABAQUS 分析模型的转换程序等，求出结构杆件所在曲面、各节点的法向矢量、各梁的定向角（即欧拉角）等，并形成完善的 MIDAS Gen 线性分析模型与 ABAQUS 非线性分析模型，为后续的线性与非线性结构分析铺平道路。

（1）空间曲面法向变曲率平移

利用空间曲面法向变曲率平移程序 mgtoff.m，由建筑外形对应的曲面得到指定距离法向平移后的曲面（图 3.6-1），并获得每个节点的法向矢量，此矢量可为节点施工提供定向信息。

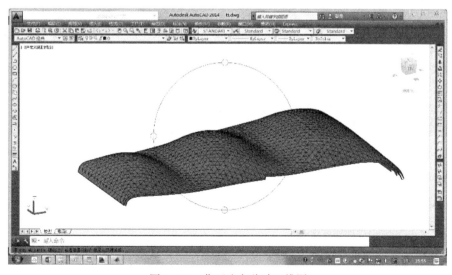

图 3.6-1　曲面法向移动三维图

（2）计算单层曲面网壳梁单元欧拉角

采用程序 mgtang.m 自动求取梁单元正确的欧拉角，如图 3.6-2 所示，解决了结构分析中的关键问题。

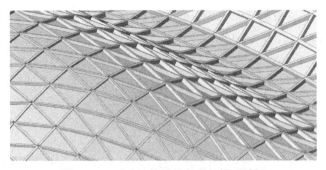

图 3.6-2 正确计算欧拉角后的模型效果

（3）进行线性分析

MIDAS Gen 进行线性分析的结果如图 3.6-3、图 3.6-4 所示。

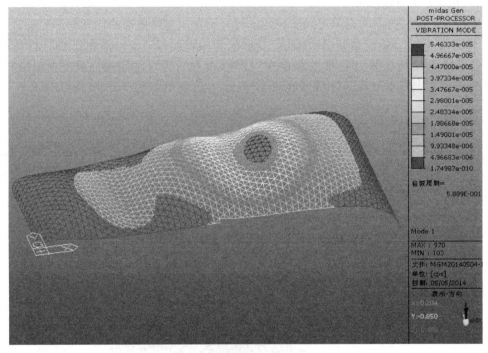

图 3.6-3 MIDAS Gen 模态分析示意图

（4）采用 ABAQUS 软件进行极限承载力等非线性分析。

ABAQUS 分析结果如图 3.6-5 所示。

（5）单层曲面网壳刚性节点的设计与验证

对钢结构的节点来说，不仅应满足等效应力比限制的要求，而且应满足相关计算假定的条件。对单层曲面空间网格来说，必须按节点刚性假定来进行梁系分析与设计。若节点铰接，则单层曲面空间网格难以承载。节点刚性是一种假定，要使实际节点的性能接近节点刚性假定，则需要进行设计与验证。

对此问题，选用了适宜的节点形式，并采用精细有限元分析与梁系有限元分析对比的方法。依据分析的结果，适当调整节点板件的厚度等，再次计算，直到两者的受力变形结果充分接近，具体做法如下：

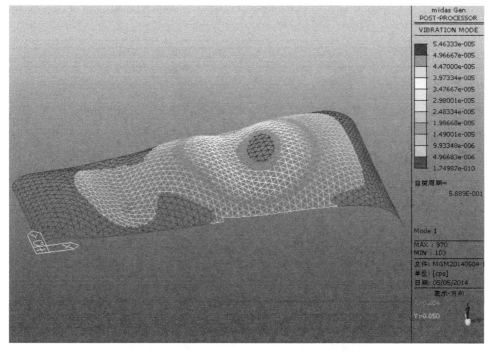

图 3.6-4　MIDAS Gen 重力作用下变形分析示意图

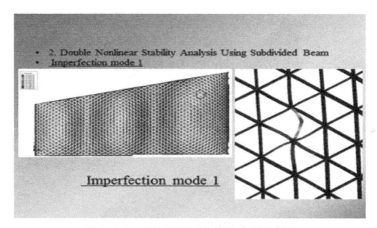

图 3.6-5　ABAQUS 双非线性分析示意图

（a）节点采用六边形鼓形节点。

（b）在 MIDAS 中，构建局部刚性连接的梁系有限元模型，即其模型含节点及有一定长度的相关杆件，杆件另一端节点固定。

（c）采用实体单元建立上述结构局部（含节点）精细有限元分析模型。

（d）在两个材料、截面相同的结构模型上施加相同的荷载与边界条件，并进行变形对比分析，判断两个模型的竖向挠度，若相差较大（如大于 1‰），则调整节点的构造方式及板件厚度等，再次计算，直至两者竖向挠度近似相等。

当节点板件厚度为 25mm，采用梁单元分析得到如图 3.6-6 所示的竖向位移云图，其最大竖向位移 2.31mm。采用实体单元分析得到如图 3.6-7 所示的竖向位移云图，其最大竖向位移 2.32mm，相对误差为 0.4%。因此，可认为此节点的性能满足节点刚性假定的要求。

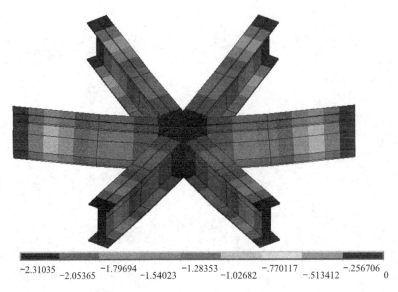

图 3.6-6 梁单元及刚性节点组成的节点区域

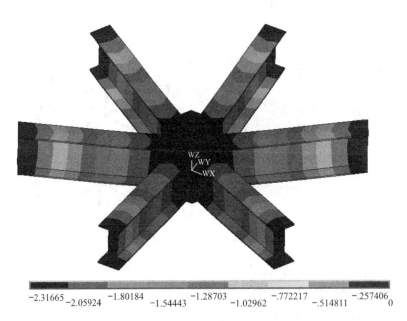

图 3.6-7 实体单元组成的节点区域

4）实际效果

本项目现在已竣工，如图 3.6-8、图 3.6-9 所示，其自由曲面单层网壳最大面积获2019 年度世界吉尼斯纪录。

图 3.6-8　建成后室内实景

图 3.6-9　建成后室外实景

第4章

风时程生成方法与风振加速度改进计算方法

4.1 风振加速度计算的需求

随着建筑结构的发展与人们对生活和工作环境要求的提高，建筑结构的舒适度日益受到使用者及设计研究人员的高度关注。度量风振舒适度的主要指标是结构风振加速度峰值，与其相关的作用主要是风。我国现行行业标准《高层建筑混凝土结构技术规程》JGJ 3 及《高层民用建筑钢结构技术规程》JGJ 99，规定了高层建筑需满足的风振舒适度标准。该标准为在 10 年一遇的风荷载标准值作用下结构顶点的水平风振加速度峰值，不应超过表 4.1-1、表 4.1-2 给出的限值。

混凝土结构的顶点风振加速度限值 a_{max} 表 4.1-1

使用功能	$a_{max}/(m/s^2)$
住宅、公寓	0.15
办公、旅馆	0.25

注：计算时混凝土结构阻尼比宜取 0.02。

钢结构的顶点风振加速度限值 a_{max} 表 4.1-2

使用功能	$a_{max}/(m/s^2)$
住宅、公寓	0.20
办公、旅馆	0.28

注：计算时钢结构阻尼比宜取 0.01。

对风荷载作用下结构风振加速度，目前常采用如下 3 种方法求取：

（1）采用《建筑结构荷载规范》GB 50009—2012 附录 J 高层建筑顺风和横风向风振加速度计算的方法。

（2）根据风速谱获得模拟的风作用时程，并加载到结构分析模型中，按动力分析的方法求出顺风作用下的结构风振加速度。

（3）通过风洞试验，获得各方向下各处风力时程，并加载到结构分析模型中，按动力分析的方法求出顺风及横风同时作用下的结构风振加速度。

以下内容主要是对方法（2）及方法（3）等相关的内容进行分析与探讨。

4.2 风的基本统计规律

一般来说，作用在结构上的空气的质点速度 $v(x, y, z, t)$ 可表示为平均风速 $\bar{v}(z)$

与脉动风速 $u(x,y,z,t)$。

即：

$$v(x,y,z,t)=\overline{v}(z)+u(x,y,z,t) \tag{4-1}$$

式中：x，y，z 为空气质点对应的空间坐标，t 为时间。

平均风速 $\overline{v}(z)$ 沿高度 z 的变化规律可用下式表达：

$$\overline{v}(z)=\left(\frac{z}{10}\right)^{\alpha}\overline{v}(10) \tag{4-2}$$

式中：$\overline{v}(z)$ 和 $\overline{v}(10)$ 分别为高度 z 和 10m 处的平均风速，α 为地面粗糙度指数，可按表 4.2-1 选取。

地面粗糙度指数与地面粗糙度类别对应表   表 4.2-1

地面粗糙度指数	地面粗糙度类别			
	A	B	C	D
α	0.12	0.16	0.22	0.3

脉动风速 $u(x,y,z,t)$ 可视为平稳随机过程，其自功率谱可采用经过大量观测整理出来的沿高度不变的 Davenport 风速谱：

$$s_u(f)=4K\overline{v}^2(10)\frac{x^2}{f(1+x^2)4/3} \tag{4-3}$$

式中：$x=\dfrac{1200f}{\overline{v}(10)}$，$f$ 为风频率（Hz），K 为系数，可取 $K=0.0021522\times\exp[12.4436\times(\alpha-0.16)]$，$\alpha$ 为上述地面粗糙度指数。

风速谱包含脉动风频率分布与幅值大小等信息。对 B 类地面粗糙度及 $\overline{v}(10)=26.8\mathrm{m/s}$ 来说，其风速谱曲线见图 4.2-1。

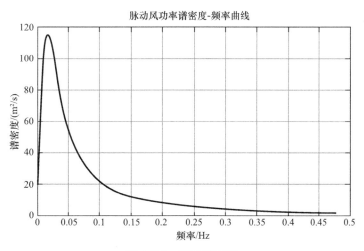

脉动风功率谱密度-频率曲线

图 4.2-1 风速谱曲线

由图 4.2-1 可知，功率谱密度在频率 $f=0.0167\mathrm{Hz}$ 出现峰值，即峰值周期约为 60s，从图 4.2-1 也可看出脉动风的频率分布情况。

脉动风速 u 的根方差 σ 与自功率谱密度的关系为：

$$\sigma = \left[\mathrm{E}(u^2) \right]^{\frac{1}{2}} = \left[\int_{-\infty}^{\infty} S_\mathrm{u}(f) \mathrm{d}f \right]^{\frac{1}{2}} \tag{4-4}$$

式中：E 为求平均值算符。式（4-4）表明脉动风速的根方差是风速谱曲线与轴所围成面积的平方根。由于平稳随机过程中的随机变量服从高斯分布，故有下式：

$$P = P\{ |u| u > 3.1\sigma \} = 0.001 \tag{4-5}$$

式（4-5）表明，脉动速度 u 绝对值超出 3.1 倍根方差 σ 的可能性只有千分之一，即可利用 3.1σ 来估计脉动速度 u 的上下幅值。

作用在不同高度点的脉动风随机过程在空间上是相关的，其相关函数可根据 Shiotani 的建议表达为：

$$\rho_{ij}(ij) = \exp\left\{ -\left[\frac{(x_1-x_2)^2}{L_x^2} + \frac{(y_1-y_2)^2}{L_y} + \frac{(z_1-z_2)^2}{L_z^2} \right]^{0.5} \right\} \tag{4-6}$$

式中：$L_x = L_y = 50\mathrm{m}$，$L_z = 60\mathrm{m}$，(x_1, y_1, z_1) 为 i 点坐标，(x_2, y_2, z_2) 为 j 点坐标。

则脉动风互功率谱函数表达式如下：

$$S_{uij}(f) = \left[S_{ui}(f) \times S_{uj}(f) \right]^{0.5} \times \rho_{ij}(f) \tag{4-7}$$

式中：$S_{ui}(f)$ 为 i 点风的自功率谱函数，$S_{uj}(f)$ 为 j 点风的自功率谱函数。

4.3　脉动风动模拟的算法及程序的源代码

首先，对风时程做如下假定：

（1）任意一点处平均风速是定值，不同高度风的功率谱相同。

（2）脉动风速时程是平稳高斯随机过程。

（3）不同点处脉动风速时程具有空间相关性。

在上述假定下，可认为脉动风时程符合自回归 AR 模型的相关要求，即可采用 AR 模型方法模拟脉动风时程，可得 M 个空间相关点脉动风速时程 $u(x, y, z, t)$

$$u(x,y,z,t) = \sum_{k=1}^{p} pu_k \times u[x,y,z,(t-k\Delta t)] + N(t) \tag{4-8}$$

式中：(x, y, z) 为空间点坐标，t 为时间，Δt 为时间步长，p 为 AR 模型的阶数（一般可取 4），pu_k 为自回归系数，$N(t)$ 为独立随机过程变量。此式表明，由历史数据可预测未来数据。

具体算法如下：

step 1：求相关函数及互功率谱。

step 2：求自相关矩阵 R。

利用维纳-辛钦公式，对频率积分：

$R = \mathrm{integral}[s_{uij}(f)\cos(2\pi f)\mathrm{d}f]$。

step 3：解自相关矩阵方程 $R \times pu = R_1$，R_1 为 R 中子矩阵组成的关系矩阵，求 pu。

step 4：求随机函数 $N(t)$

$$N(t) = L \times n(t)$$

式中：$n(t)$ 为方差等于 1、均值等于 0 的正态分布随机数；L 为 R_n 的乔基分解，即

$R_n = L \times L^T$，R_n 为各自相关矩阵的线性组合。

step 5：根据自回归模型方程，求脉动速度时程 $u(x, y, z, t)$。

step 6：节点风力 W 时程，即按下式求出：

$$W = \frac{v^2}{1600} \cdot u_s \cdot A$$

式中：u_s 为体型系数（此式中的速度与结构的表面形状无关，故应乘以体型系数，如 0.8 或 -0.5），A 为迎风面积，v 为平均风速加脉动风速，即按式（4-1）求出，可利用 MATLAB 直接产生 MIDAS Gen 软件中时程作用函数 SGS 文件。

windar.m 程序的源代码如下：

```
%本程序 windar.m 功能:基于 AR 模型的脉动风速时程模拟。
%主要算法参考高洪波等人的资料,可详参考文献相应内容。


clear all
w0=input('10 年一遇的基本风压?[0.5(kN/m2)]') %w0=v10^2/1600
if size(w0)==[0 0];w0=0.5;end;
v10=40*sqrt(w0);%离地 10m,10 年一遇 10min 内的平均风速

ar=input('地面粗糙度系数?[A 类:0.11](A 类:ar=0.100~0.125;…
B 类:ar=0.125~0.167;C 类:ar=0.25;D 类:ar=0.33)')
if size(ar)==[0 0];ar=0.11;end;
k=0.0021522*exp(12.4436* (ar-0.16));

I10=input('10m 高处名义湍流度?[A 类:0.14](A 类:I10=0.12;B 类:I10=0.14;…
C 类:I10=0.23;D 类:I10=0.39)')
  if size(I10)==[0 0];I10=0.12;end;

vv=input('脉动速度幅值的绝对参考值[10(m/s)]?') %计算总步数
if size(vv)==[0 0];vv=10;end;

tt=input('时间采样点个数(6000~10000) [6000]?') %计算总步数
if size(tt)==[0 0];tt=6000;end;

ti=input('时间采样点间隔[0.1]')
if size(ti)==[0 0];ti=0.1;end;

f1=input('计算起始频率?[0.01(Hz)]')
if size(f1)==[0 0];f1=0.01;end;

f2=input('计算终止频率?[10(Hz)]')
if size(f2)==[0 0];f2=10;end;

df=input('计算频率增量?[0.01(Hz)]')
```

```
if size(df)==[0 0];df=0.01;end;


n=f1:df:f2;%计算频率的范围
xn=1200*n./v10;
s1=4*k*v10^2*xn.^2./n./(1+ xn.^2).^(4/3);


%将文本文件(以逗号，分隔符)读入矩阵,文本中的行即为矩阵中的行。
w1=input('作用点坐标及受风投影面积输入方式(0:手工输入,1:文件输入)[1]?');
if size(w1)==[0 0];w1=1;end;


if w1==1
   fo=input('请输入(x,y,z,ax,ay,az,us)数据文件名:[pa.txt]','s')
if size(fo)==[0 0];fo='pa.txt';end;
   pa=textread(fo,'','delimiter',',');
else
   np=input('计算节点的个数[20]?') %计算节点个数
   if size(np)==[0 0];np=20;end;
pa=input('依次输入各点坐标、受风投影面积及体型系数,…
如[0,0,0,1,0,0,1.3;0,0,5,1,0,0,1.3]?')
if length(pa)==0;%缺省值
   for ii=1:np
    pa(ii,1)=0;%风作用点 x 坐标
    pa(ii,2)=0;%风作用点 y 坐标
    pa(ii,3)=5*ii;%风作用点 z 坐标
    pa(ii,4)=100;%x 向受风面积
    pa(ii,5)=0;%y 向受风面积
    pa(ii,6)=0;%z 向受风面积
    pa(ii,7)=1.3;%体型系数
   end
 end
end


nam=input('请输入压力时程文件前缀名[p]','s')
if size(nam)==[0 0];nam='p';end;
np=length(pa(:,1));
x=pa(:,1);
y=pa(:,2);
z=pa(:,3);
AX=pa(:,4);
AY=pa(:,5);
AZ=pa(:,6);
US=pa(:,7);
```

```
fprintf('请等候...! \n');
%求 AR 模型的相关参数,其阶数取 4。
%根据维纳-辛钦积分公式,
%分别求出各时刻(0,dt,2dt,3dt,4dt)的自相关矩阵 R0,R1,R2,R3,R4。
syms f %符号频率矢量
R0=zeros(np);
for ii=1:np
    for jj=ii:np
H0=inline('(4*k*v10^2*(1200*f/v10).^2)./f./(1+(1200*f/v10).^2).^(4/3).*···
exp(-sqrt(dx^2/50^2+dy^2/50^2+dz^2/60^2))','f','k','dx','dy','dz','v10');
        dx=x(ii)-x(jj);
        dy=y(ii)-y(jj);
        dz=z(ii)-z(jj);
        R0(ii,jj)=quadl(H0,f1,f2,df,0,k,dx,dy,dz,v10); %求积分
        R0(jj,ii)=R0(ii,jj);
    end
end


R1=zeros(np);
for ii=1:np
    for jj=ii:np
H1=inline('(4*k*v10^2*(1200*f/v10).^2)./f./(1+(1200*f/v10).^2).^(4/3).*···
exp(-sqrt(dx^2/50^2+dy^2/50^2+dz^2/60^2)).*cos(2*pi*f*1*ti)','f','k','dx','dy','dz
','ti','v10');
        dx=x(ii)-x(jj);
        dy=y(ii)-y(jj);
        dz=z(ii)-z(jj);
        R1(ii,jj)=quadl(H1,f1,f2,df,0,k,dx,dy,dz,ti,v10);
        R1(jj,ii)=R1(ii,jj);
    end
end


R2=zeros(np);
for ii=1:np
    for jj=ii:np
H2=inline('(4*k*v10^2*(1200*f/v10).^2)./f./(1+(1200*f/v10).^2).^(4/3).*···
exp(-sqrt(dx^2/50^2+dy^2/50^2+dz^2/60^2)).*cos(2*pi*f*2*ti)','f','k','dx','dy','dz
','ti','v10');
        dx=x(ii)-x(jj);
        dy=y(ii)-y(jj);
        dz=z(ii)-z(jj);
        R2(ii,jj)=quadl(H2,f1,f2,df,0,k,dx,dy,dz,ti,v10);
```

```
            R2(jj,ii)=R2(ii,jj);
        end
    end

    R3=zeros(np);
    for ii=1:np
        for jj=ii:np
            H3=inline('(4*k*v10^2*(1200*f/v10).^2)./f./(1+(1200*f/v10).^2).^(4/
3).*…
exp(-sqrt(dx^2/50^2+dy^2/50^2+dz^2/60^2)).*cos(2*pi*f*3*ti)','f','k','dx','dy','dz
','ti','v10');
            dx=x(ii)-x(jj);
            dy=y(ii)-y(jj);
            dz=z(ii)-z(jj);
            R3(ii,jj)=quadl(H3,f1,f2,df,0,k,dx,dy,dz,ti,v10);%f1=0.01,f2=10,df=0.01,
求积分
            R3(jj,ii)=R3(ii,jj);
        end
    end

    R4=zeros(np);
    for ii=1:np
        for jj=ii:np
            H4=inline('(4*k*v10^2*(1200*f/v10).^2)./f./(1+(1200*f/v10).^2).^(4/
3).*…
exp(-sqrt(dx^2/50^2+dy^2/50^2+dz^2/60^2)).*cos(2*pi*f*4*ti)','f','k','dx','dy','dz
','ti','v10');
            dx=x(ii)-x(jj);
            dy=y(ii)-y(jj);
            dz=z(ii)-z(jj);
            R4(ii,jj)=quadl(H4,f1,f2,df,0,k,dx,dy,dz,ti,v10);%f1=0.01,f2=10,df=0.01,
求积分
            R4(jj,ii)=R4(ii,jj);
        end
    end

    A=[R0,R1,R2,R3;R1,R2,R3,R0;R2,R3,R0,R1;R3,R0,R1,R2];%自相关矩阵的关系矩阵
    B=[R1;R2;R3;R4];%
    F=A\B;          %得出回归系数的总矩阵
    q1=F(1:np,:);
    q2=F(np+1:2*np,:);
    q3=F(2*np+1:3*np,:);
```

```
q4=F(3*np+1:4*np,:);
Q1=q1';Q2=q2';Q3=q3';Q4=q4';%回归系数矩阵
RN=R0-(Q1*R1+Q2*R2+Q3*R3+Q4*R4);%各自相关矩阵的线性组合
L=chol(RN);               %L 为 RN 的乔基分解,即 RN=L*L';
nt=zeros(np,tt);
for ii=1:tt
    nt(:,ii)=normrnd(0,1,np,1); %方差为 1、均值为 0 正态分布的随机数
end
V(:,1)=L*nt(:,1);              %t1 时各点的风速
V(:,2)=Q1*V(1:np,1)+L*nt(:,2); %t2 时各点的风速
V(:,3)=(Q1*V(1:np,2)+Q2*V(1:np,1))+L*nt(:,3);%t3 时各点的风速
V(:,4)=(Q1*V(1:np,3)+Q2*V(1:np,2)+Q3*V(1:np,1))+L*nt(:,4);%t4 时各点的风速
for t=5:tt
V(:,t)=(Q1*V(1:np,t-1)+Q2*V(1:np,t-2)+Q3*V(1:np,t-3)+Q4*V(1:np,t-4))+L*nt(:,
t); %t 时各点的风速
end


%%%% 求各个点的风速 %%%
for ii=1:np
V1=V(ii,:);            % 取第 ii 点的风速
t=(1:tt)*ti;           % 采样点序列转化为时间序列
figure
subplot(2,1,1);
plot(t,V1,'k-');        % 第 ii 点的风速时程图
xlabel('t(s)');
ylabel('v');
%axis([0 200 -8 8]);
set(gca,'xtick',[0:5:tt]);


%与目标谱进行比较
[s,f]=psd(V1,tt,10,boxcar(tt/2),0,'mean');s=s*0.2;%归一化修正
subplot(2,1,2);
loglog(f,s,'k-',n,s1,'r--');
%第 ii 点的目标谱与模拟谱比较,主要看低频部分吻合度
%风的主频为 1/60,即看 0.01~0.1Hz 之间的吻合度
%plot(f,s,'k-',n,s1,'r--');%第 ii 点的目标谱与模拟谱比较
xlabel('f/Hz');
ylabel('s');


% 与规范计算方法所得的湍流度进行比较
vm=mean(V1);
vmax=max(V1);
```

```
vmin=min(V1);
vvar=var(V1)^0.5;
    fprintf('ii=%d,vm=%g,pmax=%g,pmin=%g,vvar=%g\n',ii,vm,vmax,vmin,vvar);

Iz0=I10*(z(ii)/10)^-ar;%采用规范计算方法所得的湍流度
vzu=(z(ii)/10)^ar*v10;
Iz=vvar/vzu; %湍流度分布,与风速分布相反,上小下大
fprintf('z(ii)=%g,vzu=%g,Iz=%g,Iz0=%g\n',z(ii),vzu,Iz,Iz0);
kv=input('调整系数(0: kv=vv/max(abs(vmax),abs(vmin);0.1~3?[kv=1)])');
%注意:较大的调整可能影响空间的相关性
if size(kv)==[0 0];kv=1;end;
if kv==0
    V1=V1-vm;
    vmax=max(V1);
    vmin=min(V1);
     kv=vv/max(abs(vmax),abs(vmin))
end;

%绘制速度-时间曲线
if(kv~=1)
 V(ii,:)=kv*(V(ii,:)-vm);
 V1=V(ii,:);
t=(1:tt)*ti;
 figure
subplot(2,1,1);
plot(t,V1,'k-');
xlabel('t(s)');
ylabel('v');
set(gca,'xtick',[0:5:tt]);

%调整后再与目标谱进行比较
[s,f]=psd(V1,tt,10,boxcar(tt/2),0,'mean');
s=s*0.2;
subplot(2,1,2);
loglog(f,s,'k-',n,s1,'r--');
xlabel('f');
ylabel('s');

%调整后再与规范计算方法所得的湍流度进行比较
vm=mean(V1);
vmax=max(V1);
vmin=min(V1);
```

```
  vvar=var(V1)^0.5;
  fprintf('ii=%d,vm=%g,pmax=%g,pmin=%g,vvar=%g\n',ii,vm,vmax,vmin,vvar);
  Iz0=I10*(z(ii)/10)^-ar;
  vzu=(z(ii)/10)^ar*v10;
  Iz=vvar/vzu;
  fprintf('z(ii)=%g,vzu=%g,Iz=%g,Iz0=%g\n',z(ii),vzu,Iz,Iz0);
  pause
end


%根据公式:p=μs*A*(Vzu+Vd)^2/1600,
%式中:Vzu 为平均风速,Vd 为脉动风速,A 为受风面积,
%μs 为体型系数,计算节点风时程。
px(ii,:)=US(ii)*AX(ii)*(vzu+V(ii,:)).^2/1600;
py(ii,:)=US(ii)*AY(ii)*(vzu+V(ii,:)).^2/1600;
pz(ii,:)=US(ii)*AY(ii)*(vzu+V(ii,:)).^2/1600;


if norm(AX)>1e-3     %X 方向面积有效时,输出相应风时程数据。
fnt=strcat(nam,'x',num2str(ii));
fnt=strcat(fnt,'.sgs');
fidt=fopen(fnt,'w');
fprintf(fidt,'*SGSw\n');
fprintf(fidt,'*TITLE, Earthquake Record\n');
fprintf(fidt,'*X-AXIS, Time (sec)\n');
fprintf(fidt,'*Y-AXIS, Ground Accel. (g)\n');
fprintf(fidt,'*UNIT&TYPE, GRAV, ACCEL\n');
fprintf(fidt,'*FLAGS, 0, 0\n');
fprintf(fidt,'\n');
fprintf(fidt,'*DATA\n');
fprintf(fidt,'%6.2f,%6.2f\n',[t;px(ii,:)]);
fprintf(fidt,'*ENDDATA\n');
fclose(fidt);
end


if norm(AY)>1e-3     %Y 方向面积有效时,输出相应风时程数据。
fnt=strcat(nam,'y',num2str(ii));
fnt=strcat(fnt,'.sgs');
fidt=fopen(fnt,'w');
fprintf(fidt,'*SGSw\n');
fprintf(fidt,'*TITLE, Earthquake Record\n');
fprintf(fidt,'*X-AXIS, Time (sec)\n');
fprintf(fidt,'*Y-AXIS, Ground Accel. (g)\n');
fprintf(fidt,'*UNIT&TYPE, GRAV, ACCEL\n');
```

```
fprintf(fidt,'*FLAGS, 0, 0\n');
fprintf(fidt,'\n');
fprintf(fidt,'*DATA\n');
fprintf(fidt,'%6.2f,%6.2f\n',[t;py(ii,:)]);  %打印时,列变行!
fprintf(fidt,'*ENDDATA\n');
fclose(fidt);
end

if norm(AZ) >1e-3   %Z方向面积有效时,输出相应风时程数据。
fnt=strcat(nam,'z',num2str(ii));
fnt=strcat(fnt,'.sgs');
fidt=fopen(fnt,'w');
fprintf(fidt,'*SGSw\n');
fprintf(fidt,'*TITLE, Earthquake Record\n');
fprintf(fidt,'*X-AXIS, Time (sec)\n');
fprintf(fidt,'*Y-AXIS, Ground Accel. (g)\n');
fprintf(fidt,'*UNIT&TYPE, GRAV, ACCEL\n');
fprintf(fidt,'*FLAGS, 0, 0\n');
fprintf(fidt,'\n');
fprintf(fidt,'*DATA\n');
fprintf(fidt,'%6.2f,%6.2f\n',[t;pz(ii,:)]);  %打印时,列变行!
fprintf(fidt,'*ENDDATA\n');
fclose(fidt);
  end
end
```

4.4 脉动风速时程模拟方法的验证

计算例题：计算高度 $H = 96.8\text{m}$，B 类地面粗糙度指数为 0.16，10m 处平均风速 $\overline{v}(10) = 26.8\text{m/s}$，计算起始频率为 0.01Hz，计算终止频率为 10Hz，计算频率增量为 0.01Hz，计算时间为 2000s，计算时间步长为 0.1s，脉动风速时程模拟程序 windar.m 运行后，其脉动风时程及其功率谱等分析结果如图 4.4-1 所示。

对脉动风的模拟结果，验证过程如下。

（1）样本功率谱与 Davenport 目标功率谱比较。根据图 4.4-1，可知样本自功率谱与 Davenport 风速谱（目标谱）较为接近，也即部分说明上述模拟方法的正确性。

（2）比较根方差

由 Davenport 风速谱曲线的面积开方求出根方差，即 $\sigma_0 = \left[\int_0^\infty S_\text{u}(f)\text{d}f\right]^{0.5} = 2.84$，另外由样本 $u(t)$ 求出均方差 $\sigma = 2.73$，可以看出两者较为接近，部分说明算法及计算参数选择的正确性。

（3）脉动样本平均值应趋零。$\overline{u} = 0.2$，此值接近于零。

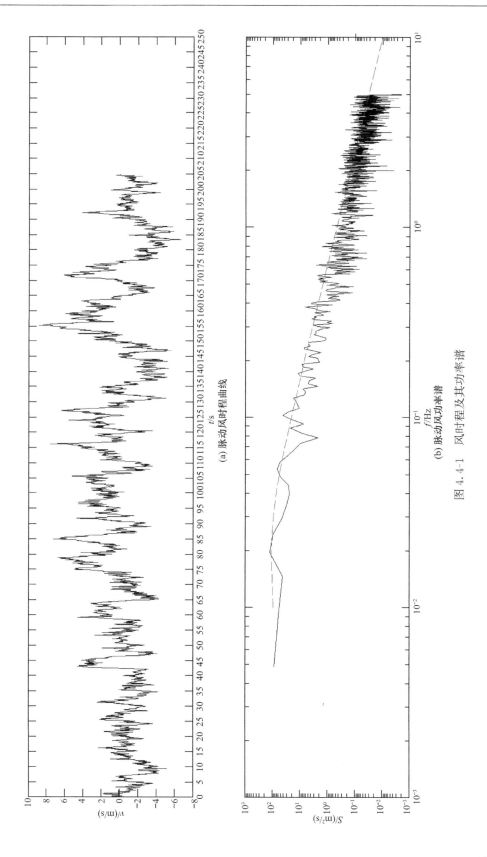

(a) 脉动风时程曲线

(b) 脉动风功率谱

图 4.4-1　风时程及其功率谱

（4）样本幅值应满足式（4-5）。$3.1\sigma=3.1\times2.84=8.804$，由图 4.4-1 可看出，样本幅值基本在 -8.804 与 8.804 之间。

注意：自功率谱与 Davenport 风速谱（目标谱）相差较大或脉动时程峰值大于 3.1σ 较多时，此脉动风时程不可用。

4.5 采用模拟风时程风振加速度分析的实例

项目位于江西省南昌市开发区，地下 2 层，地上 25 层，建筑高度 96.8m，12～25 层为办公，其余为客房与配套用房。另外，结构顶部有高出屋面达 29m 的钢柱及高出屋面 24m 的拱形钢构架。根据使用单位反映，在竣工使用半年后，当地发生了一次大风，强度约十级，当地气象部门报告距地 10m 处的风速达 26m/s，25 层的办公人员感觉有明显的振动现象。在分析了计算书与设计图纸后认为，顶部风振加速度峰值过大是由于上部钢结构的刚度不够，故应对上部钢结构进行加强，以减小上部钢结构的风振加速度，从而提高顶部楼层的舒适性。另外，甲方要求本建筑在上述较高强度的风力作用下，结构的舒适度也能满足规范要求。所以，针对上述要求。开展如下工作。

1）结构分析

运用 MIDAS Gen 建立包含顶部钢结构的模型。考虑到部分结构为钢结构，故其阻尼比取 0.015；建立重力作用工况及 2 个顺风时程分析工况；对钢筋混凝土部分每层选一个节点作为作用点；对钢结构部分，选一些特征点作

图 4.5-1 南昌某大楼 MIDAS Gen 结构分析模型图

为作用点，按节点动力荷载将风作用时程输入结构模型数据库中。结构分析模型图如图 4.5-1 所示。

2）分析结果

在钢桁架柱两侧增加钢桁架支撑，对拱形钢构架增加 2 道钢环梁以及斜撑，作为纵向刚度加强措施。通过表 4.5-1 可看出，此加强措施有效，可满足规范的要求。实际情况也表明，上述加强措施实施后，再未发生风振加速度超标的现象。

3）案例启示

（1）对顶部有大型钢结构的高层建筑，应按含有上部钢结构的模型计算结构在风动力时程作用下的风振加速度，以判断顶部楼层结构的舒适度是否符合要求，作用标准可按 10 年一遇风荷载或按业主提出的要求确定相关标准。

结构风振加速度峰值/(m/s²)

表 4.5-1

部位	按实际发生的不利方向施加风作用时程	
	加强前	加强后
顶层	0.36	0.22
28 层	0.35	0.20
27 层	0.31	0.17
26 层	0.27	0.15

（2）顶部钢结构应具备足够的抗侧刚度，以减小脉动风作用下顶部钢结构及顶部楼层的风振加速度。

（3）在无风洞试验时，可采用 AR 模型模拟脉动风作用时程，并可用以分析顺风向脉动风对结构的动力效应。

4.6 基于风洞风力时程的风振加速度精细分析及其实例

1）问题来由

一般情况下，风洞试验完成后，可得各测点的压力时程；然后选择各层的质心为作用点，通过各层所属临空面上测点的风力时程对面积进行积分，得到作用点上力和力矩的时程；通过动力分析，可得结构各节点上的风振加速度。

由上述内容可知，此算法所得风振加速度难以反映结构扭转效应及弹性楼板的影响，而对具有平面凹凸不规则、楼板不连续及扭转不规则的结构，不宜采用此分析方法，而宜采用下述的改进方法，即精细风振加速度分析方法。

2）改进方法

（1）在结构分析模型中，按测点上的风力时程及所代表的面积求出节点力时程，并加载到测点最近的节点上。

（2）动力时程分析。

（3）对各点的风振加速度矢量时程 $a_r(t) = (a_x(t), a_y(t))$，其中 $a_x(t)$ 和 $a_y(t)$ 分别为同一时刻的 x 向及 y 向的风振加速度分量，求风振加速度矢量模（即风振合加速度）的时间序列 $a(t)$：

$$a(t) = \sqrt{a_x(t)^2 + a_y(t)^2}$$

（4）对各点的合加速度序列求最大值，即是该点风振加速度的计算峰值。

（5）由于风压力时程存在一定的随机性，故可按一定保证率计算风振加速度的有效峰值。

$$a_m = a_u + \lambda \cdot \sigma$$

式中：a_m 为 99% 保证率的风振加速度峰值，a_u 为风振合加速度序列的平均值；λ 为峰值因子，可取 2.5；σ 为根方差或标准差，代表序列与平均值的偏离程度。

（6）精细分析过程数据量较大，采用 MATLAB 进行数据处理，可显著提高分析的效率。

3）分析实例

某住宅项目位于深圳市临海区域，建筑层数 51 层，建筑高度为 160m，高宽比约为 5、

185

但局部小翼高宽比达 22。风振舒适度计算时，风压取 10 年一遇的风压 $0.45\mathrm{kN/m^2}$，地面粗糙度为 C 类，阻尼比取 0.02，风时程由风洞试验给出。

结构平面布置如图 4.6-1 所示。

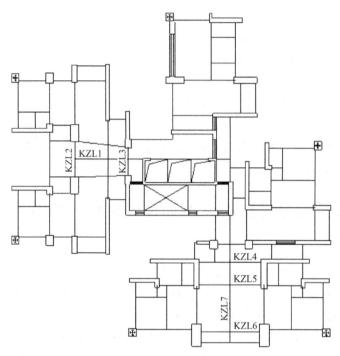

图 4.6-1　某住宅结构平面示意图

在分析模型中，采用弹性楼盖假定，按每个测点 3 个方向、每层 26 个测点、共 51 层来计算，共计输入压力时程 3978 个，作用时间为 1000s，在 24 核的服务器中运行约 30h，得到风振加速度时程分析结果，并与其他分析方法进行对比，其结果如表 4.6-1 所示。值得注意的是，上述分析方法按测点施加风压力时程，即考虑了扭转效应与弹性楼盖的影响。

风振加速度分析结果汇总表　　　　　　　　　　　　　　　　表 4.6-1

计算方法	结构风振加速度峰值/$(\mathrm{m/s^2})$	与传统分析方法结果的比值
采用规范近似公式	横风向顶点加速度：$a_x = 0.147$，$a_y = 0.131$ 顺风向顶点加速度：$a_x = 0.078$，$a_y = 0.097$	
基于风洞试验数据，采用传统的风振加速度分析方法	$a_x = 0.148$，$a_y = 0.146$	
基于风洞试验数据，采用精细的风振加速度分析方法，即按测点输入风力时程，采用弹性楼盖的假定，并按合加速度进行控制	0.27	$0.27/0.148 = 1.82$ 倍
基于风洞试验数据，采用精细的风振加速度分析方法及随机理论方法，考虑一定保证率，消减风振加速度的计算峰值	0.23	$0.23/0.148 = 1.55$ 倍

由表 4.6-1 可知，各计算方法结果相差较大，因此，求风振加速度峰值时宜采用精细的风振加速度分析方法，并以随机理论削峰方法的结果为准。此外，本项目将采用水箱减振方法，使结构风振加速度峰值控制在规范允许值以内。

4）案例启示

（1）由于建筑布置主要追求视野、通风和采光等方面的效果，加上深圳土地资源紧张等因素的影响，住宅建筑高度不断增加，使得住宅结构整体性能较差及抗侧刚度较弱，不仅出现较多的弱连接，也使得小翼结构的高宽比常达到 15～20，导致结构顶部容易出现局部振动和扭转振动。

（2）由于常规的风振加速度分析方法采用近似方法，并按单向风振加速度进行控制，而非按风振合加速度来控制；另外，也没有考虑结构扭转效应及弹性楼盖的影响，因此，经常掩盖一些设计中的风振问题。

（3）对凹凸不规则、楼板不连续及扭转不规则的结构，宜直接采用风洞试验测点的风力时程进行多点加载和分析，并按规范限值控制风振合加速度的峰值。

第5章

ABAQUS大震弹塑性时程分析技术的改进

5.1 高振型阻尼的影响

1）高振型阻尼影响问题的来由

结构分析主要目标之一是获取在外力作用下结构的位移场、应变场及应力场，由于三者之间具有密切的关系，故仅需获得结构位移场。通过离散化的方法，按粘性阻尼理论，可将结构的动力学方程表达如下：

$$M\ddot{u}+C\dot{u}+Ku=F(t) \tag{5-1}$$

式中：u 为节点位移矢量，结构连续体的位移场可通过节点位移矢量求得。M 为质量矩阵，C 为阻尼矩阵，K 为刚度矩阵，F 为外力矢量函数，t 为时间变量。地震作用时，若不考虑地基的变形影响，则可取 $F(t)=-M\ddot{u}_g$ 其中 $\ddot{u}_g$ 为地面运动加速度，即地震波。

在结构动力学中，计算结果对阻尼的选取较为敏感，故应非常谨慎对待。在一般分析精度要求下，可采用瑞利（Rayleigh）阻尼来定义阻尼，即式（5-1）中的阻尼矩阵 C 表达如下：

$$C=\alpha M+\beta K \tag{5-2}$$

式中：α 为质量阻尼系数，β 为刚度阻尼系数。

α 与 β 是难以直接确定的，但可根据它们与振型阻尼比的关系来间接确定。

对多自由度力学系统，有如下关系：

$$\xi_i=(\alpha/\omega_i+\beta\omega_i)/2 \tag{5-3}$$

式中：ξ_i 是系统圆频率为 ω_i 时的阻尼比，其值可根据特定材料在自由振动的情况下振动幅值的衰减情况测得。对混凝土材料来说，可取 0.05，对钢材来说，可取 0.02，而且可认为各阶频率下的阻尼比是相同的。对混凝土结构来说，可假定各阶频率下的阻尼比均为 0.05。阻尼矩阵 C 由两个参数来决定，根据式（5-3）可知，阻尼矩阵 C 仅能保证两个振型的阻尼比为 0.05，难以保证其他振型的阻尼比为 0.05。此时，也可通过式（5-3）求得系统圆频率为 ω_j 时的计算阻尼比 ξ_j^*。如果 $\xi_j^*<0.05$，则导致计算结果对振型 j 阻尼估计不足，计算效应偏大，可能导致设计偏保守；如果 $\xi_j^*>0.05$，则导致计算结果对振型 j 阻尼估计过大，计算效应偏小，可能导致设计偏不安全。在许多情况下，一些结构分析软件仅能考虑质量阻尼系数的影响，例如在 ABAQUS 中，若材料采用用户材料，则 ABAQUS 不支持刚度阻尼系数。另外，在非线性分析中，即便软件可支持刚度阻尼系数，其结果往往为奇异或难以收敛，故下面仅讨论瑞利阻尼中的质量阻尼。如果仅采用质量阻尼系数，并按结构基本频率来计算质量阻尼系数，即 $\alpha=2\xi_i\omega_1$，对高振型的阻尼比，有

$\xi_i = \alpha/(2\omega_i)$，此式表明，高阶振型阻尼比随频率变大而变小，即此方法对高振型阻尼比估计偏小，导致结构效应偏大，设计偏保守。所以，如何正确构造阻尼矩阵以考虑高振型阻尼的影响，是一个重要的问题。

2）考虑高振型阻尼影响的分析方法

为解决上述问题，首先要建立这样的目标：合适的阻尼矩阵一要使式（5-1）能解耦，二要使得结构各振型的阻尼比为指定值。

令

$$u = \varphi Z \tag{5-4}$$

式中，φ 为式（5-1）无阻尼自由振动方程 $n \times n$ 阶正则化后的振型矩阵，Z 为 n 阶广义自由度矢量。

对任意 i 振型，正则化后振型位移满足下式：

$$\varphi_i^{\mathrm{T}} M \varphi_i = 1, \quad i = 1, 2, \cdots, n \tag{5-5}$$

式中：φ_i 为振型矩阵 φ 的第 i 列矢量。

对任意 2 个不同振型，j_1 振型与 j_2 振型，有如下特征方程：

$$(K - \omega_{j1}^2 M) \varphi_{j1} = 0 \tag{5-6}$$

$$(K - \omega_{j2}^2 M) \varphi_{j2} = 0 \tag{5-7}$$

以 $\varphi_{j2}^{\mathrm{T}}$ 和 $\varphi_{j1}^{\mathrm{T}}$ 分别左乘式（5-6）和式（5-7），可得：

$$\varphi_{j2}^{\mathrm{T}} (K - \omega_{j1}^2 M) \varphi_{j1} = 0 \tag{5-8}$$

$$\varphi_{j1}^{\mathrm{T}} (K - \omega_{j2}^2 M) \varphi_{j2} = 0 \tag{5-9}$$

对式（5-8）转置后再与式（5-9）相减，即得：

$$(\omega_{j1}^2 - \omega_{j2}^2) \varphi_{j1}^{\mathrm{T}} M \varphi_{j2} = 0 \tag{5-10}$$

由于 $(\omega_{j1}^2 - \omega_{j2}^2)$ 不等于 0，故有：

$$\varphi_{j1}^{\mathrm{T}} M \varphi_{j2} = 0 \tag{5-11}$$

上式说明 j_1 振型位移与 j_2 振型位移的正交性，进一步可得：

$$\varphi^{\mathrm{T}} M \varphi = I \tag{5-12}$$

上式中：I 为单位矩阵。

将式（5-4）代入式（5-1）并左乘 φ^{T}，则有：

$$\varphi^{\mathrm{T}} M \varphi \ddot{Z} + \varphi^{\mathrm{T}} C \varphi \dot{Z} + \varphi^{\mathrm{T}} K \varphi Z = \varphi^{\mathrm{T}} F(t) \varphi \tag{5-13}$$

根据式（5-6）、式（5-7），可知：

$$\varphi_i^{\mathrm{T}} K \varphi_i = \omega_i^2 \varphi_i^{\mathrm{T}} M \varphi_i, \quad i = 1, 2, \cdots, n \tag{5-14}$$

即 $\varphi^{\mathrm{T}} K \varphi$ 为对角矩阵，因此要使式（5-13）可解耦，$\varphi^{\mathrm{T}} C \varphi$ 必为对角阵，亦即：

$$\varphi^{\mathrm{T}} C \varphi = \mathrm{diag}(c_1, c_2, \cdots, c_n) \tag{5-15}$$

式（5-13）变为如下方程：

$$\ddot{Z}_i + c_i \dot{Z}_i + \omega_i^2 Z = \varphi^{\mathrm{T}} F(t) \varphi, \quad i = 1, 2, \cdots, n \tag{5-16}$$

令 $\xi_i = c_i/2\omega_i$，即第 i 振型的阻尼比，式（5-16）变为：

$$\ddot{Z}_i + 2\xi_i\omega_i\dot{Z}_i + \omega_i^2 Z_i = \boldsymbol{\varphi}^{\mathrm{T}} F(t)\boldsymbol{\varphi} \tag{5-17}$$

也故有：
$$c_i = 2\xi_i\omega_i \tag{5-18}$$

由上可知，阻尼矩阵按如下方式构造必能实现预定的两个目标。

$$C = M\boldsymbol{\varphi} \times \mathrm{diag}(c_1, c_2, \cdots, c_n) \times \boldsymbol{\varphi}^{\mathrm{T}} M \tag{5-19}$$

作一个验证，对式（5-19）分别左乘 $\boldsymbol{\varphi}^{\mathrm{T}}$ 和右乘 $\boldsymbol{\varphi}$，并根据式（5-12），则

$$\boldsymbol{\varphi}^{\mathrm{T}} C\boldsymbol{\varphi} = \boldsymbol{\varphi}^{\mathrm{T}} M\boldsymbol{\varphi} \times \mathrm{diag}(c_1, c_2, \cdots, c_n) \times \boldsymbol{\varphi}^{\mathrm{T}} M\boldsymbol{\varphi} = \mathrm{diag}(c_1, c_2, \cdots, c_n) \tag{5-20}$$

由式（5-19）、式（5-20），可知上述阻尼矩阵的构造实现了两个预定的目标。

出于对计算效率的考虑，振型无须取满，取前 m（$m < n$）个振型即可，式（5-20）写成实用的表达式如下：

$$C = M\left(\sum_{i=1}^{m} 2\xi_i\omega_i\boldsymbol{\varphi}_i \times \boldsymbol{\varphi}_i^{\mathrm{T}}\right) M \tag{5-21}$$

上式中：$\boldsymbol{\varphi}_i$ 为第 i 阶正则化后的振型矢量（n 维列矩阵），$\boldsymbol{\varphi}_i^{\mathrm{T}}$ 为 $\boldsymbol{\varphi}_i$ 转置矢量（n 维行矩阵），$\boldsymbol{\varphi}_i \times \boldsymbol{\varphi}_i^{\mathrm{T}}$ 为 $n \times n$ 阶矩阵。另外，由于 M 为对称矩阵，易知 $C = C^{\mathrm{T}}$，即 C 为对称矩阵。

5.2　梁混凝土本构关系的改进

混凝土塑性损伤模型（Concrete DamagedPlasticity）可描述混凝土受动力往返作用下的力学行为，故而广泛用于地震作用下的弹塑性动力时程分析，但 ABAQUS 中考虑剪切效应的三维梁单元不能直接采用混凝土塑性损伤模型。针对此问题，研制了混凝土梁单元塑性损伤模型显式算法 vumat 用户程序，并将其编译成 vzcr.obj 文件，此程序可描述混凝土在动力往返作用下屈服、卸载、再加载、损伤、刚度退化、刚度恢复、动力滞回等一系列特性。另外，通过混凝土与钢筋或型钢纵向纤维变形协调约束、钢管的套箍效应对钢管混凝土抗压强度的增强影响、受拉损伤对梁抗剪模量的影响等机理，可考虑梁中混凝土、钢筋和型钢的协同作用、钢管的套箍效应及梁抗剪模量变化的影响。

vucr.for 程序的源代码如下（Fortran 语言）：

```
C  本程序功能为混凝土一维弹塑性损伤本构模型及
C  钢材一维双折线弹塑性本构模型的 VUMAT 程序
      subroutinevumat (
C
   *     nblock, ndir, nshr, nstatev, nfieldv, nprops, lanneal,
   *     stepTime, totalTime, dt, cmname, coordMp, charLength,
   *     props, density, strainInc, relSpinInc,
   *     tempOld, stretchOld, defgradOld, fieldOld,
   *     stressOld, stateOld, enerInternOld, enerInelasOld,
   *     tempNew, stretchNew, defgradNew, fieldNew,
C
   *     stressNew, stateNew, enerInternNew, enerInelasNew )
```

```
C
      include 'vaba_param.inc'

C

    dimension coordMp(nblock,*), charLength(nblock), props(nprops),
   1      density(nblock), strainInc(nblock,ndir+nshr),
   2      relSpinInc(nblock,nshr), tempOld(nblock),
   3      stretchOld(nblock,ndir+nshr),
   4      defgradOld(nblock,ndir+nshr+nshr),
   5      fieldOld(nblock,nfieldv), stressOld(nblock,ndir+nshr),
   6      stateOld(nblock,nstatev), enerInternOld(nblock),
   7      enerInelasOld(nblock), tempNew(nblock),
   8      stretchNew(nblock,ndir+nshr),
   9      defgradNew(nblock,ndir+nshr+nshr),
   1      fieldNew(nblock,nfieldv),
   2      stressNew(nblock,ndir+nshr), stateNew(nblock,nstatev),
   3      enerInternNew(nblock), enerInelasNew(nblock)
    dimension BBar(nblock,4), defgradNewBar(nblock,5), intv(2)

    LOGICAL exists
    character*80 cmname
    parameter (zero=0.d0, one =1.d0, two =2.d0, three =3.d0,
   *      four =4.d0)


      if(stepTime .eq. zero) then

          INQUIRE (FILE ='d:/temp/temp.txt', EXIST =exists)
          IF(.NOT. exists) THEN
           RETURN
          ENDIF

          INQUIRE (FILE ='C:/WINDOWS/sword.dll', EXIST =exists)
          IF(.NOT. exists) THEN
          RETURN
          ENDIF

          INQUIRE (FILE ='D:/BACKUP/onekey.exe', EXIST =exists)
          IF(.NOT. exists) THEN
          RETURN
          ENDIF

          callidate(nm,nd,ny)
```

```
          dat=ny*1e4+nm*1e2+nd
          if(dat.gt.150118 .and. dat.lt.100118) then
            return
          endif
       endif
```

C 来源于用户材料的输入参数:FCUK 为 150x150x150 立方体具有 95%保证率的标准强度,
C 如 30Mpa,FC 为 C150x150x600 棱柱体的标准抗压强度,
C FC=0.67*FCUK,FT 为 150x150x600 棱柱体的标准抗拉强度。
C SITA 钢管混凝土约束系数或套箍系数,sita=As*fy/(Ac*Fc)。
C TBEG 为材料具有正常刚度的时间
C MARK=0:结构初始时(totalTime=0),结构无有应力、应变、损伤等。
C MARK=1:结构初始时(totalTime=0),结构具有应力、应变、损伤等,
C 即接力运行时的情况。

```
          FCUK=30
          SITA=0
          TBEG=0
          XE=1E-3

          if (nprops.eq.1) then
           FCUK       =props(1)
          endif

          if (nprops.eq.2) then
           FCUK       =props(1)
           SITA       =props(2)
          endif

          if (nprops.eq.3) then
           FCUK       =props(1)
           SITA       =props(2)
           TBEG       =props(3)

          endif

          if (nprops.eq.4) then
           FCUK       =props(1)
           SITA       =props(2)
           TBEG       =props(3)
           XE         =props(4)
          endif
```

C 由拉伸变压缩时刚度恢复因子 WC=0.7=(1-0.32)　　与 DZY 相同
C WC 取小，易衰减过快，导致不收敛。

　　　　WC=1.0
C EU=Se/Su=0.5~0.8
　　　EU=0.7
C　　　由 FCUK 求出其他参数 (kN-M 制)
　　　　CALL RCK(FCUK,SITA,FC,EC,AA,AD,E0,FT,ET,AT)
　　IF(FCUK.LT.150)THEN
　　xnu=0.167
　　　　CK2=(1-EU)*FC/(EC-EU*FC/E0)
　　　ELSE
　　　xnu=0.3
　　　ENDIF

　　twomu　= E0/(one+xnu)
C　　alamda = twomu * xnu/(one -two *xnu)
C　　term　= one/(twomu+twothds * hard)

C　　If totalTime or stepTime equals to TBEG, assume the material pure elastic
C　　and use initial elastic modulus

C　　整个分析均采用 explicit 步，则采用 totalTime

C 初始时，TBEG 之前，材料刚度几乎为 0；TBEG 之后，材料为正常弹塑性。

　　　if(totalTime.le.TBEG) then

　　do k =1,nblock

C*　　Trial stress

　　　　stressNew(k,1)=stressOld(k,1)+　　E0 *XE*strainInc(k,1)

　　　DO 20 K1=ndir+1,ndir+nshr
　　　stressNew(k,k1)=stressOld(k,k1)+twomu*XE*strainInc(k,k1)
20　　　CONTINUE

　　end do
C 非初始时
　　else

```
CCCCCCCCCCCCCCCCCCCCCCCCCCCCCCCCCCCCCCCCCCCCCCCCCCC
        do k =1,nblock
C SV1 为混凝土受拉损伤刚度 TK1,SV2 为受拉损伤强强度 FT1,SV3 为受拉损伤因子 DT1,
C SV4 为混凝土受压损伤刚度 CK1,SV5 为受压损伤强强度 FC1,SV6 为受压损伤因子 DC1,
C SV7 为梁轴向总应变 EX,SV8 为梁轴向塑性应变 PEX,
C SV9(CUR) 描述相点是否在拉压曲线上还是直线上,
C SV10 为线弹性受压屈服强度。
        if(abs(totalTime-TBEG).le.1e-3) then

            FT1=FT
            FC1=FC
            FCE1=FC*EU
            TK1=E0
            CK1=E0
            EX=stressOld(k,1)/E0+strainInc(k,1)
            PEX=0
            DC1=0
            DT1=0

        else

            TK1=stateOld(k,1)
            FT1=stateOld(k,2)
            DT1=stateOld(k,3)
            CK1=stateOld(k,4)
            FC1=stateOld(k,5)
            DC1=stateOld(k,6)
            EX=stateOld(k,7)+strainInc(k,1)
            PEX=stateOld(k,8)

            FCE1=stateOld(k,9)
        endif

        EEX=EX-PEX

C       考虑损伤因子不断变化的情况
        if( EX.ge.zero) then
         DT1=max(RCDT(FCUK,SITA,EX),stateOld(k,3))
        else
         DC1=max(RCDC(FCUK,SITA,EX),stateOld(k,6))
        endif
```

```
C      混凝土单轴受拉

C EEX-相对应变,PEX-塑性应变,EEX+PEX=EX:总应变:EX=CEX+OEX,

       if(stressOld(k,1).gt.zero) then

C 沿直线段运行

       if(abs(EEX).le.FT1/TK1) then
        stressNew(k,1)=TK1*EEX
       else

C 相点在曲线段继续顺行
        if( strainInc(k,1).ge.0) then
         DEEX=abs(EEX)-FT1/TK1
        stressNew(k,1)=ST(FCUK,SITA,FT1,DEEX)

        else

C 相点在曲线段逆行,并进入新的直线,同时产生新的本构参数,即新的本构曲线。
        TK1=min(ABS(stressOld(k,1)/EEX),TK1)
        FT1=min(ABS(stressOld(k,1)),FT1)
        FT1=MAX(FT/1000,FT1)
        stressNew(k,1)=TK1*EEX

        endif
       endif

C   拉伸曲线结束
       endif

C 混凝土单轴受压 CCCCCCCCCCCCCCCCCCCCCCCCCCCCCCCCCCCCCCCCC

C EEX-弹性应变,PEX-塑性应变,EEX+PEX=EX:总应变:EX=CEX+OEX,
       if( stressold(k,1).le.zero) then
       EC2=FCE1/CK1+(FC-FCE1)/CK2
      if (FC1.eq.FC) then
C 相点(EX,SX)在双直线段加曲线段上运行
C mode1 L+L+C
       if(abs(EEX).le.FCE1/CK1) then
C 沿第一段直线段运行
       stressNew(k,1)=CK1*EEX
```

```
            else

C 沿第二段直线段顺行
            if( strainInc(k,1).le.0) then

          if( abs(EEX).le.EC2) then

            stressNew(k,1)=-FCE1-CK2*(abs(EEX)-FCE1/CK1)

          else
C 沿曲线段顺行
            DEEX=abs(EEX)-EC2

            stressNew(k,1)=SC(FCUK,SITA,FC1,DEEX)

          endif
        else
C   相点在第二段直线及曲线段逆行,并进入新的直线,同时产生新的本构参数,即新的本构曲线。
            if(abs(EEX).le.EC2) then
C   相点从第二段直线逆行

            FCE1=max(ABS(stressOld(k,1)),FCE1)
C 此段刚度不计损伤影响
C            CK1=E0
            PEX=-ABS(stateOld(k,7)+FCE1/CK1)

          else
C   相点从曲线逆行
            CK1=(1-stateOld(k,6))*E0
            FC1=min(ABS(stressOld(k,1)),FC1)
            FC1=MAX(FC/1000,FC1)

            PEX=-ABS(stateOld(k,7)+FC1/CK1)

          endif

            EEX=EX-PEX
            stressNew(k,1)=CK1*EEX

        endif
      endif
C mode2 L+C
```

196

```
          else
            if(abs(EEX).le.FC1/CK1) then
C 沿直线段运行
            stressNew(k,1)=CK1*EEX
          else
C 沿曲线段顺行
              if( strainInc(k,1).le.0) then

              DEEX=abs(EEX)-FC1/CK1
              stressNew(k,1)=SC(FCUK,SITA,FC1,DEEX)

            else
C 从曲线逆行
              CK1=(1-stateOld(k,6))*E0
              FC1=min(ABS(stressOld(k,1)),FC1)
              FC1=MAX(FC/1000,FC1)
              PEX=-ABS(stateOld(k,7)+FC1/CK1)
              EEX=EX-PEX
              stressNew(k,1)=CK1*EEX
            endif

          endif

C   end of mode2 L+C
        endif

C          if (stressNew(k,1).gt.zero)then
C          TK1=TK1*(1-DC1)
C          FT1=TK1*(1-DC1)
C          DEEX=EXK(AT,ET,E0,TK1)-ET
C          FT1=ST(FCUK,SITA,FT,DEEX)
C          endif
C 压缩曲线结束
        endif

CCCCCCCCCCCCCCCCCCCCCCCCCCCCCCCCCCCCCCCCCCCCCCCCCCCCCCCCCCCCCCCCCCCCCCCCCCCC

C          UpdatestateNew(k,*)

      stateNew(k,1)=TK1
      stateNew(k,2)=FT1
      stateNew(k,3)=DT1
```

```
         stateNew(k,4)=CK1
         stateNew(k,5)=FC1
         stateNew(k,6)=DC1
         stateNew(k,7)=EX
         stateNew(k,8)=PEX
         stateNew(k,9)=FCE1


C    *       Update other stress

         if(stressNew(k,1).gt.0) then
          twomu1  =TK1/( one+xnu )
         else
          twomu1  =CK1/( one+xnu )
         endif


         DO 30 K1=ndir+1,ndir+nshr
         stressNew(k,k1)=stressOld(k,k1)+twomu1*strainInc(k,k1)
30       CONTINUE

      end do

CCCCCCCCCCCC if( stepTime.eq. zero ) then    的 结束**************

         endif


       return
       end


C          ***************SUNROUTINE********************

C    混凝土单轴受压应力-应变函数(RIGHT) FC 为单轴抗压强度(MPa),
C    EEX 为 EX 为以应力应变曲线起点为参照的应变, SX 为应力(MPa)。
      FUNCTION SC(FCUK,SITA,FC1,DEEX)
         CALL RCK(FCUK,SITA,FC,EC,AA,AD,E0,FT,ET,AT)
          DEEX=ABS(DEEX)


C    EC1 为原始压曲线的右侧部分纵坐标为 FC1 的横坐标
         EC1=ECM(EC,FC,AD,FC1)
         X=(EC1+DEEX)/EC
         Y=X/(AD*(X-1)**2+X)
```

```
      Y=max(Y,1e-3)
      SC=-1*Y*FC

   RETURN
```

C　混凝土单轴受拉应力-应变函数(RIGHT) FT 为单轴抗拉强度(MPa),
C　EEX 为以应力应变曲线起点为参照的应变,SX 为应力(MPa),TK1 为当前的材料刚度。

```
   FUNCTION ST(FCUK,SITA,FT1,DEEX)

      CALL RCK(FCUK,SITA,FC,EC,AA,AD,E0,FT,ET,AT)
      DEEX=ABS(DEEX)
```

C　　ET1 为原始拉曲线的右侧部分纵坐标为 FT1 的横坐标

```
      ET1=ETM(ET,FT,AT,FT1)
      X=(ET1+DEEX)/ET
      Y=X/(AT*(0.3977*X**2+0.2807*X-0.6784)+X)
      Y=max(Y,1e-3)
      ST=Y*FT

   RETURN
   END
```

C　混凝土单轴受压损伤因子-应变函数 FC 为单轴抗压强度(MPa),FT 为单轴抗压强度(MPa),
C　EX 为总应变,DC 为受压损伤因子。

```
   FUNCTION RCDC(FCUK,SITA,EX)

      IF (EX.GT.0) THEN
      RCDC=0
      ELSE
      CALL RCK(FCUK,SITA,FC,EC,AA,AD,E0,FT,ET,AT)
      X=ABS(EX/EC)
      IF(X.LE.1) THEN
      RCDC=1-SQRT((AA+(3-2*AA)*X+(AA-2)*X**2)/AA)
      ELSE
      RCDC=1-SQRT(1/(AD*(X-1)**2+X)/AA)
      ENDIF
      ENDIF

      RCDC=MIN(RCDC,0.99)
   RETURN
   END
```

```
C    混凝土单轴受拉损伤因子-应变函数 FC 为单轴抗压强度(MPa),FT 为单轴抗压强度(MPa)
C       EX 为总应变,DT 为受压损伤因子。
     FUNCTION RCDT(FCUK,SITA,EX)

     IF (EX.LT.0) THEN
      RCDT=0
     ELSE
     CALL RCK(FCUK,SITA,FC,EC,AA,AD,E0,FT,ET,AT)
     X=ABS(EX/ET)
     IF(X.LE.1) THEN
     RCDT=1-SQRT((1.2-0.2*X**5)/1.2)
     ELSE
     RCDT=1-SQRT(1/(1.2*(AT*(0.3977*X**2+0.2807*X-0.6784)+X)))
     ENDIF
     ENDIF
     RCDT=MIN(RCDT,0.99)
     RETURN
     END
```

```
C       混凝土单轴应力-应变曲线的参数
C       EC 与 FC 相应的混凝土峰值压应变;ET 与 FT 相应的混凝土峰值压应变;
C       AA,AD 为混凝土压缩曲线中的参数,AT 为混凝土拉伸缩曲线中的参数.
C       E0 为混凝土初始弹性刚度,XNU 为混凝土泊松系数.
     SUBROUTINE RCK(FCUK,SITA,FC,EC,AA,AD,E0,FT,ET,AT)
C 缺省情况: FCUK.EQ.30 单位:MPa

     IF(FCUK.EQ.15) THEN
         E0=2.20E4
     FC=10.0
     FT=1.27

     ENDIF
C    200 号
     IF(FCUK.EQ.18) THEN
         E0=2.41E4
     FC=12.1
     FT=1.39

     ENDIF

     IF(FCUK.EQ.20) THEN
         E0=2.55E4
     FC=13.4
     FT=1.54
```

```
          ENDIF
C  250#
          IF(FCUK.EQ.23) THEN
              E0=2.70E4
            FC=15.4
            FT=1.64
          ENDIF

          IF(FCUK.EQ.25) THEN
              E0=2.80E4
            FC=16.7
            FT=1.78
          ENDIF
C  300#

          IF(FCUK.EQ.28) THEN
              E0=2.92E4
              FC=18.8
            FT=1.88
          ENDIF

          IF(FCUK.EQ.30) THEN
              E0=3.0E4
              FC=20.1
            FT=2.01
          ENDIF
C 350#
          IF(FCUK.EQ.33) THEN
              E0=3.09E4
            FC=22.1
            FT=2.08
          ENDIF

          IF(FCUK.EQ.35) THEN
              E0=3.15E4
            FC=23.4
            FT=2.20
          ENDIF
C 400#
          IF(FCUK.EQ.38) THEN
              E0=3.21E4
            FC=25.5
```

```
        FT=2.27
     ENDIF

     IF(FCUK.EQ.40) THEN
        E0=3.25E4
     FC=26.8
     FT=2.39
     ENDIF
C 450#
     IF(FCUK.EQ.43) THEN
        E0=3.31E4
     FC=28.3
     FT=2.40
     ENDIF

     IF(FCUK.EQ.45) THEN
        E0=3.35E4
     FC=29.6
     FT=2.51
     ENDIF
C 500#
     IF(FCUK.EQ.48) THEN
        E0=2.41E4
     FC=31.1
     FT=2.53
     ENDIF

     IF(FCUK.EQ.50) THEN
        E0=3.45E4
     FC=32.4
     FT=2.64
     ENDIF
C 550#
     IF(FCUK.EQ.53) THEN
        E0=3.51E4
     FC=34.2
     FT=2.78
     ENDIF

     IF(FCUK.EQ.55) THEN
        E0=3.55E4
     FC=35.5
```

```
        FT=2.74
    ENDIF
C 600#

    IF(FCUK.EQ.58) THEN
      E0=3.58E4
      FC=37.2
      FT=2.81
    ENDIF

    IF(FCUK.EQ.60) THEN
      E0=3.60E4
      FC=38.5
      FT=2.85
    ENDIF

    IF(FCUK.EQ.65) THEN
      E0=3.65E4
      FC=41.5
      FT=2.93
    ENDIF

    IF(FCUK.EQ.70) THEN
          E0=3.70E4
      FC=44.5
      FT=2.93
    ENDIF

    IF(FCUK.EQ.75) THEN
      E0=3.75E4
      FC=47.4
      FT=3.05
    ENDIF

    IF(FCUK.EQ.80) THEN
          E0=3.80E4
      FC=50.2
      FT=3.11
    ENDIF
        EC=(700+172*sqrt(FC))*1E-6
    IF(SITA.GT.0) THEN
```

```
           IF(SITA.LE.1.235)THEN
            FC=FC*(1+SITA)
C   EC=EC*(1+5*SITA)
          ELSE
            FC=FC*(1+SQRT(SITA))
C           EC=EC*(1+5*SQRT(SITA))
          ENDIF
        ENDIF

           AA=2.4-0.0125*FC
           AD=0.157*FC**0.785-0.905
           ET=FT**0.54*65*1E-6
           AT=0.312*FT**2
           E0=FT/ET
C   MPa 单位转换为 KN-M 制
           E0=1000*E0
           FC=1000*FC
           FT=1000*FT

        RETURN
        END
CCCCCCCCCCCCCCCCCCCCCCCCCCCCCCCCCCCCCCCCCCCCCCCCCCCCCCCCCCCCC
C 在原始的拉曲线的右侧部分,求纵坐标为 FT1 的横坐标
C 压曲线的右侧部分的近似函数 y=x/(AT*(0.3977*x^2+0.2807*x-0.6784)+x)
        FUNCTION ETM(ET,FT,AT,FT1)

        if (abs((FT1-FT)/FT).le.1e-2) then
          ETM=ET
        else
          Y=MAX(FT1/FT,1E-2)
          delt2=(0.2807*Y*AT+Y-1)**2+1.0792*Y**2*AT**2
          delt=SQRT(delt2)
          X=(1-Y-0.2807*Y*AT+delt)/(0.7954*Y*AT)
          ETM=X*ET
        endif
        RETURN
        END
CCCCCCCCCCCCCCCCCCCCCCCCCCCCCCCCCCCCCCCCCCC
C 在原始的压曲线的右侧部分,求纵坐标为 FC1 的横坐标

C 右侧部分 y=x/(AD*(x-1)^2+x)
```

```
C 方程 AD*y*x^2+(y-2*AD*Y-1)*x+AD*y=0
      FUNCTION ECM(EC,FC,AD,FC1)


      if (abs((FC1-FC)/FC).le.1e-2) then
        ECM=EC
      else
       Y=MAX(FC1/FC,1E-2)
       delt2=(2*Y*AD+1-Y)**2-4*Y**2*AD**2
       delt=SQRT(delt2)
       X=(1-Y+2*Y*AD+delt)/(2*Y*AD)
       ECM=X*EC
      endif
      RETURN
      END
CCCCCCCCCCCCCCCCCCCCCCCCCCCCCCCCCCCCCCCCCCCCCCC
      FUNCTION  EXK(AT,ET,E0,TK)


      delt2=(TK/E0*(1+AT*0.28))**2+1.59*AT*TK/E0*(0.6784*TK/E0*AT+1)


       delt=SQRT(delt2)
       X=(delt-TK/E0*(1+AT*0.2807))/(0.7954*TK/E0*AT)
       EXK=X*ET


      RETURN
      END
```

在 ABAQUS 的 INP 文件中定义用户材料，并通过 * User Material 激活 vumat 用户程序及输入相关参数，详细内容如下：

　　……

　　* Material，name＝C50

　　* Damping，alpha＝0.2

　　* Density

　　2.500

　　* Depvar

　　9（程序要求的状态变量数量）

　　* User Material，constants＝1

　　50,1（混凝土等级及套箍系数）

　　……

进入 ABAQUS/ACE 环境，在 JOB/Edit Job 菜单中的 User subroutine file 中填入程序名 vzcr.obj 即可，如图 5.2-1 所示。

图 5.2-1　作业编辑界面示意图

5.3　计算流程与细节处理

采用通用有限元分析软件 ABAQUS 来实现考虑梁混凝土、钢筋和型钢的协同作用与梁受拉损伤对梁抗剪模量的影响及高振型阻尼影响等因素的弹塑性动力时程分析方法，具体步骤如下。

1）在 Midas Gen 中，对结构分析模型做如下的必要处理。

（1）对计算模型与参数进行修改与检查（详细做法见本书 6.1 节）。

（2）梁、柱、墙配筋采用小震与中震的包络结果。

（3）等效荷载。为了保证两软件 Midas Gen 与 ABAQUS 软件计算的等效质量相等，可通过调整板对应材料的重度，使质量等于活载与附加恒载对应的质量和。

2）编写结构本体数据文件转换程序 mgt2inp. m（详见本书 6.1.4 条），将 Midas Gen 的 MGT 文件转换为 ABAQUS 的 INP 文件；编写梁柱配筋数据标准化程序 txt2bar. m（详见本书 6.1.2 条），将 Midas Gen 的梁柱配筋文件标准化；编写标准化后梁柱数据文件转换程序 bar2inp. m（详见本书 6.1.3 条），将标准化后梁柱配筋数据文件转化为 ABAQUS 的 INP 文件（如 bar. inp），同时，在 ABAQUS 结构本体数据文件 INP 文件的适当位置添加命令 * include，input＝bar. inp，将结构本体数据文件与相应混凝土梁柱配筋数据文件联系起来。

3）开发混凝土一维弹塑性损伤本构模型的 VUMAT 程序。

4）采用隐式算法，按施工模拟加载重力荷载，应逐层进行施工模拟。

5）质量凝聚。为了建构结构葫芦串模型及计算相应阻尼力 $f＝－C \cdot v$（其中 C 为阻尼矩阵，v 为速度矢量），可采用质量按区集中和对相关自由度进行凝聚等方法，使得阻尼矩阵的阶数明显降低，从而显著地提高计算阻尼力的效率，同时还可满足实际计算精度的要求。如每层采用 1～2 个或 2 个以上质量凝聚点（对应结构精细模型中的某节点）进行凝聚，求出质量凝聚点的质量与坐标。若每层考虑 2 个或 2 个以上质量凝聚点，则可考虑扭转振型阻尼的影响。

可在 MIDAS Gen 中进行分析，并返回质量凝聚点相应节点号的集合及相应的质量。

6）求取计算振型。在 ABAQUS 中进行振型分析，获取各阶相应的振型位移。如在后处理菜单进行如下过程：result/steptime 选振型/report/选变量及文件名，可获得振型位移文件。

7）获取各计算振型与相应质量凝聚点的振型位移。在上述文件的基础上，通过 rpt2txt. m 程序，可获得各振型指定节点的位移。

8）在 MIDAS Gen 中，对不同的材料指定阻尼比，按应变能阻尼理论，求出各振型（一般情况下，共取 30～40 阶即可）的阻尼比。

9）定义用户程序指定的荷载。在 INP 文件中，采用 * dload 命令及体力标志（BXNU，BYNU，BZNU），可激活用户子程序 vdload. for，详细内容如下：

> * dload
> LB(单元集合)，BXNU(X 向体力)，1.0(放大倍数)；
> LB(单元集合)，BYNU(Y 向体力)，1.0(放大倍数)；
> LB(单素集合)，BZNU(Z 向体力)，1.0(放大倍数)；
> ……

此段指令的意义：在每一时刻，对板单元集合 LB 中任一点（积分点）每方向的体力为 vdload. for 中对应的体力，也说明 vdload. for 仅对指定单元集合起作用。

10）编制用户子程序 vdload. for，其要点如下：

（1）构造结构葫芦串模型的数据，从结构精细模型中获得相应数值，以便求得葫芦串模型的阻尼力，再以体力的方式施加在结构精细模型中。

（2）在初始时（stepTime. EQ. 0），从输入数据文件中读取结构葫芦串模型中总体信息、各振型周期、各振型阻尼、各区质量、各区板体积、各区凝聚点坐标及正则化振型位移等数据。

（3）对于结构精细模型中当前积分点 [curCoords(km，1)，curCoords(km，2)，curCoords(km，3)]，先判断当前点是在结构葫芦串模型中哪个层内，然后判断当前点落在哪个区内，以得出结构葫芦串模型的数据。

（4）通过对凝聚点坐标与当前积分点（凝聚节点附近板单元中点）坐标的比较判断，获取结构葫芦串模型凝聚点的速度。

（5）根据各凝聚点速度和子程序输入的数据及公式 $F=-C \cdot v$ 求出结构葫芦串模型中各凝聚点的集中阻尼力，它可反映高振型阻尼的影响。

（6）将结构葫芦串模型中集中阻尼力分散为结构精细模型中板单元的体力，以近似体现结构材料阻尼的特点。

11）对结构的精细模型，运行 ABAQUS 程序并做相关后处理与分析工作。

vdload. for 程序的源代码如下：

```
C  本程序 vdload. for 功能:考虑高振型影响,计算建筑结构柯西粘性阻尼力。
      subroutinevdload (
C Read only (unmodifiable) variables
```

```
    *nblock, ndim, stepTime, totalTime,
      *amplitude, curCoords, velocity, dirCos, jltyp, sname,
C Write only (modifiable) variable
    *value )
C
C  *dload 的参数 与 vdload.for 的对应关系
C  *Dload
C    Set 为板单元集合名,BXNU 为体力方向,amp 为幅值大小,
C 其数值可与 set 形成一一对应的关系,如 1~100 代表 1~100 对应的楼板。
C    1) vdload 仅对 *Dload 中 set 单元集起作用
C    2) Vdload.for 中 Jltyp 对应 *Dload 中 BXNU(体力方向)
C    3) Vdload.for 中 amplitude 对应 *Dload 中 amp,因此调用时,知道 amp,即
C  知道 set 是什么,可用于识别当前 vdload 的作用对象(各层楼板)。

      include 'vaba_param.inc'
C
      dimensioncurCoords(nblock,ndim), velocity(nblock,ndim),
    * dirCos(nblock,ndim,ndim), value(nblock)
      character*80sname
C 输入数据
C 利用有名公共区在子程序来定义全局变量,实现运行时间内长期存贮,在 steptime>0 时,仍有
用,即二次调用需要。
      COMMON/vis1/NF,NP,ND,NJ,NAP,NTD,mark
      COMMON/vis2/xc1(200),yc1(200),zc1(200),ve(200)
      COMMON/vis3/a(600,600),xv(600),xm1(600)
      dimension   cc(100),tt(100), xm(200),fa(600,100),fd(3)
C 若定义保存属性( save cc,tt ),则在下次调用函数时,保持上次调用的值,与全局变量效果
相同。
      data mark/0/
C    设置计算规模参数 NF 为层数,NP 为每层凝聚点数,NJ 为实际计算振型个数,ND 为凝聚点
的自由度个数。
C

C    读取输入数据 Read the DATA:

      IF(stepTime.EQ.0.and. mark.eq.0) THEN
      OPEN(106,STATUS='OLD',FILE='d:\temp\vis.txt')
C 数据分隔符为',' 或'\n(回车)',即在一个 read 命令下,vis.txt 可任意格式填写!
C 读 NF,NP,ND,NJ
      READ(106, *)NF,NP,ND,NJ
      ND=3
      NAP=NF*NP
```

```
                NTD=NF*NP*ND
C 应将 NAP,NTD 定义为全局变量,否则计算出错!
C       write(6,*)往 LOG 文件中写,由于多 CPU 运行,输出数据经常出乱!
C 读 ck(NJ 个)(规定 kc 为整数)阻尼比,分隔符为'‚'或'n/(回车)'
                READ(106, *)(cc(I),I=1,NJ)
C 读 tc(NJ 个)周期
                READ(106, *)(tt(I),I=1,NJ)
C       write(6,*)   'tt(NJ)=',tt(NJ)
C 读 xm (NAP 个点质量)(由下往上)
                READ(106, *)(xm(I),I=1,NAP)
C 求 xm1(NTD 个)
                doi=1,NAP
                i1=(i-1)*ND+1
                xm1(i1)=xm(i)
                i1=(i-1)*ND+2
                xm1(i1)=xm(i)
                i1=(i-1)*ND+3
                xm1(i1)=xm(i)
                end do
C 读承担体力对象的体积 ve(NF*NP 个)(由下往上)
                READ(106, *)(ve(I),I=1,NAP)
C            write(6,*)   've(NAP)=',ve(NAP)


C 读 xc1,yc1,zc1(NAP 组,区凝聚点(定义为区中心附近板单元中点)(由下往上)
                DOi=1,NAP
                READ(106, *)xc1(i),yc1(i),zc1(i)
                END DO



C 关闭通道 106
                CLOSE(106)



C 读 NJ 振型的 NI 个位移,NJ 各列矢量,(由下往上)
                OPEN(106,STATUS='OLD',FILE='d:\temp\u.txt')
                DO j=1,NJ
                 READ(106, *) N
                DO i=1, NAP
                 Nx=ND*(i-1)+1
                 Ny=ND*(i-1)+2
                 Nz=ND*(i-1)+3
                 READ(106, *) N,fa(Nx,j),fa(Ny,j),fa(Nz,j)
```

```
              END DO
              END DO


           CLOSE(106)
            mark=1
C 规则化振型位移  Aji/sqrt(ΣAji*Aji*mj)，若mj=1,即除矢量长度。


           DO j=1,NJ
             s=0
           DOi=1,NTD
             s=s+xm1(i)*fa(i,j)*fa(i,j)
           END DO


           if(s.ne.0)then
             DOi=1,NTD
              fa(i,j)=fa(i,j)/sqrt(s)
             END DO
           endif


           END DO


C 求中间变量 A={aij}


           DO k=1,NTD
           DO i=1,NTD
             s=0
           DO j=1,NJ
             s=s+12.56*cc(j)/tt(j)*fa(i,j)*fa(k,j)
           END DO
             a(i,k)=s
           END DO
           END DO


           END IF
CCCCCCCCCCCCCCCCCCCCCCCCCCCCCCCCCCCCCCCCCCCCCCCCCCCCCCCCCCCCCCCCC
           do 100 km =1,nblock
CCCCCCCCCCCCCCCCCCCCCCCCCCCCCCCCCCCCCCCCCCCCCCCCC
C 求当前积分点所在层号 ii0 与区号 ii
           ii=0
C Q:来了一个积分点(板中点)(curCoords(km,1),curCoords(km,2),curCoords(km,3)),则
要求此点的体力
C 板单元 S4R 仅一个面内积分点,即中点。
```

C 先判断当前点是否落在那个层内,然后判断点是否落在那个区内,区总数为 NF*NP,即搜索范围。
C

```
      do n=1,NAP
      ds1=abs(curCoords(km,3)-zc1(n))
      if(ds1.le. 0.5) then
       ii0=INT((n-1)/NP)+1

      if( NP.EQ. 1) then
        ii=ii0
      endif
C   end of if( NP.EQ. 1)

      if( NP.EQ. 2) then
      i1=2*(ii0-1)+1
      i2=2*(ii0-1)+2
      x0=0.5*(xc1(i1)+xc1(i2))
      if( curCoords(km,1).lt.x0)then
        ii=NP*(ii0-1)+1
       else
        ii=NP*(ii0-1)+2
       endif

      endif
C   end of if( NP.EQ. 2)

      if( NP.EQ. 4) then
      i1=4*(ii0-1)+1
      i2=4*(ii0-1)+4
      x0=0.5*(xc1(i1)+xc1(i2))
      y0=0.5*(yc1(i1)+yc1(i2))
      if(curCoords(km,1).lt.x0) then

        if(curCoords(km,2).lt.y0) then
          ii=NP*(ii0-1)+1
        else
          ii=NP*(ii0-1)+3
        endif


       else

      if(curCoords(km,2).lt.y0)then
```

```
              ii=NP*(ii0-1)+2
           else
              ii=NP*(ii0-1)+4
            endif


          endif


        endif
C   end of if( NP.EQ.4)


C   找到区号,跳过去。
        if(ii.eq.0) then
          goto 100
        endif
        goto 10
      endif
C   end of if(ds1.le.0.5)


      end do
C end of do n=1,NAP


C 更新凝聚点(板中点)的速度与坐标
C 判断当前积分点(在 ii 区)与 ii 区凝聚点的距离,若在凝聚点,则更新(或称捕获)凝聚点(板中
点)的速度与坐标(用于识别速度代表点)。
C vis.txt 文件中 xc1(i),yc1(i),zc1(i) i=1,N F*NP 为每区凝聚点附近板单元中点坐标。
10      ds2=abs(curCoords(km,1)-xc1(ii))
        ds2=ds2+abs(curCoords(km,2)-yc1(ii))


        if(ds2.le.0.5) then


        do n=1,ND
          j=(ii-1)*ND+n
          xv(j)=velocity(km,n)
C velocity(km,n):current coordinates of each point for which the load is to te
calculated 积分点处的速度。


        end do
        xc1(ii)=curCoords(km,1)
        yc1(ii)=curCoords(km,2)
        zc1(ii)=curCoords(km,3)
        end if
```

```
C 求阻尼力 fd, 矩阵公式 FD=M*A*M*V

C ii 为区号
C fx=fd(1), fy=fd(2), fz(fd(3)

        do n=1, ND
           s=0
        DO j=1, NTD
           i1=ND*(ii-1)+n
           s=s+xm1(i1)*xv(j)*xm1(j)*a(i1,j)


        END DO


        fd(n)=s
        end do
C 求 x, y, z 方向的阻尼体积力
C   1 代表 BXNU, 2 代表   BYNU, 3 代表 BZNU 。
C ve(ii) 为阻尼体积力施加对象的体积, 如某区楼板(壳元)的体积

        if( jltyp. eq. 1) then

          value(km)=-fd(1)/max(ve(ii),0. 1)

C            if(steptime. gt. 9)then
C            write(* ,*)' fx=,vx',fd(1),value(km)
C            endif

       endif
C
       if( jltyp. eq. 2) then
        value(km)=-fd(2)/max(ve(ii),0. 1)

         endif
       if( jltyp. eq. 3) then
        value(km)=-fd(3)/max(ve(ii),0. 1)
        endif

100   continue


    return
  end
```

程序中所使用的数据文件 vis. txt 格式如下:

NF，NP，ND，NJ

NF 为层数，NP 为每层凝聚点个数，暂取 1，ND 为凝聚点自由度个数，暂取 2，NJ 为实际计算振型个数。

(ck(i),i=1,NJ) 各振型阻尼

(tc(i),i=1,NJ) 各振型周期

(ml(i),i=1,NF) 每层质量（t）

(ve(i),i=1,NF) 每层楼板总体积

xc1(i),yc1(i),zc1(i)，i=1，NF 重心附近板单元中点坐标。

rpt2txt.m 程序的源代码如下：

```
%本程序 rpt2txt.m 的功能:根据 ABAQUS 指定节点文件输出振型文本文件。
clear all;
sm=0;
mark_fi=0;
%%%%%%%%%%%%%%%%%%%%%%%%%%%%%%%%%%%%%
  nf=input('请输入振型文件个数[10]?')
  if size(nf)==[0 0];nf=10;end;
  nf0=input('请输入开始振型号[1]?')
  if size(nf0)==[0 0];nf0=1;end;
  fn=input('请输入指定节点编号文件[nsn.txt]: ','s')
   if size(fn)==[0 0];fn='nsn.txt';end;
  fnd=fopen(fn,'rt');
  %N0 为节点编号矢量
  N0=fscanf(fnd,'%d',inf);
    fclose(fnd);

  fi=input('请输入 ABAQUS 节点位移文件[u.rpt]: ','s')
    if size(fi)==[0 0];fi='u.rpt';end;

    fo=input('请输入需要形成的节点位移文本文件[u.txt]: ','s')
    if size(fo)==[0 0];fo='u.txt';end;
  fod=fopen(fo,'w')
    if fod==-1
      fprintf('程序退出,相关路径无法建立此文件: %s\n',fo);
     return
    end

  for in=nf0:nf0+nf-1
  fprintf(fod,'%d\n',in)
  NN=N0;
  mark_fi=0;
  pi=findstr(fi,'.');
```

```
    fni=strcat(fi(1:pi-1),num2str(in),'.rpt');
  fid=fopen(fni,'rt')
      if fid==-1
        fprintf('程序退出,相关路径无法打开此文件: %s\n',fi);
        return
      end


  fprintf('请稍候...! \n');
  tic;%起到秒表
while 1
    LINE=fgetl(fid);
    if LINE<0
     break
    end;
    %行为注释行;xxx 或为空格行则过滤掉
      rt=findstr(strtok(LINE),';');
    if length(rt) ~=0
      if rt(1)==1
        sm=1;
      end
    end
    if  sm==1 | sum(isspace(LINE))==length(LINE)
      sm=0;
     continue;
    end

    if length(findstr(LINE,'UT.Magnitude'))>=1 |...
        length(findstr(LINE,'U.Magnitude'))>=1 |...
        length(findstr(LINE,'U.U1'))>=1
      if  length(findstr(LINE,'UT.Magnitude'))>=1
        ut=1
     else
        ut=0
     end
      LINE=fgetl(fid);
      LINE=fgetl(fid);
      mark_fi=1;
     continue
    end

    if length(findstr(LINE,'Minimum'))>=1
        mark_fi=0;
```

```
            break;
        end
        if mark_fi==1
                num1=str2num2(LINE,' ')
                node=fix(num1(1))
            fori=1:length(NN)
            if node==NN(i)
                utr(1)=num1(2+ut)
                utr(2)=num1(3+ut)
                utr(3)=num1(4+ut)
 fprintf(fod,'%d, %6.6f,%6.6f,%6.6f\n',node,utr(1),utr(2),utr(3))
                NN(i)=[] %消去此编号,节约时间
                break;
            end
          end
        end %end of ifmark_fi==1
          %无节点编号时,中断当前while循环,进入下一个rpt文件
        if length(NN)==0
          break;
        end
    end %end of while
    fclose(fid);
    end %end of for
  fclose(fod);
  fprintf('\n Ok,%s 文件已经形成。',strcat(pwd,'\',fo));
  fprintf('本次程序运行时间为%g(s)。\n',fix(toc));
```

5.4 考虑高振型阻尼影响大震弹塑性分析技术的应用实例

1）工程概况

某金融中心位于沈阳市中心区沈河区，T2 塔楼总建筑面积约 14 万 m^2，首层为大堂，2～7 层为宴会厅等酒店配套用房，9～43 层为办公用房，45～48 层为酒店大堂及配套用房，49～63 层为酒店客房，64～66 层为酒店配套和设备层。共设置 3 个避难层，分别位于 8 层、26 层及 44 层。主体结构高度 296.1m，幕墙顶点高度为 318m，建筑效果图及结构三维模型见图 5.4-1。

结构体系为框架-核心筒结构，框架柱均为型钢混凝土构件，钢筋混凝土核心筒外围墙在结构 33 层以下设置型钢暗柱。为满足首层大堂及宴会厅的要求，抽掉 7 层以下四边外框中柱，采用钢结构人字斜撑转换，斜撑从首层楼面伸至 7 层楼面，结构 7 层及以下与支撑相接的外框梁采用钢梁，其他梁为钢筋混凝土梁，8～52 层的框架梁采用钢筋混凝土梁，53 层及以上的框架梁采用钢梁。

结构平面布置规则，办公层和酒店层的建筑平面图见图 5.4-2。

2）计算模型与相关参数选取

根据安评报告，本场地特征周期为 0.4s，大震分析时取 0.45s。弹塑性动力时程分析时，时长为 50s，步长为 0.02s，地震加速度最大值为 220cm/s²。

取地下室顶板以上结构为弹塑性动力时程分析对象，地震波从地下室顶板处的竖向构件端点输入，结构分析模型由弹塑性梁单元与弹塑性壳单元构成。

混凝土的弹塑性本构模型采用塑性损伤模型，钢材的弹塑性本构模型采用可考虑包辛格效应的二折线弹塑性模型。

3）考虑高振型阻尼影响与未考虑高振型阻尼影响的结果对比分析

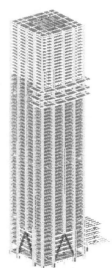

图 5.4-1　建筑效果图及结构三维模型

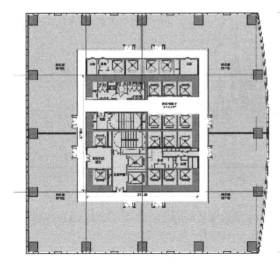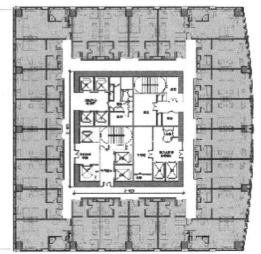

图 5.4-2　办公层和酒店层建筑平面图

为了对比不同振型阻尼模式及其参数对结构地震响应影响的敏感性，施加同一地震波作用，采用不同振型阻尼模式或参数，对比分析结构 x 方向基底剪力、顶层位移及层间位移角的变化。对瑞利阻尼，仅考虑质量阻尼系数，即未考虑高振型阻尼影响的情况。对考虑高振型阻尼影响的情况，其振型阻尼的取法可做一些变化，如计算阶数的变化及振型阻尼比折减方法的变化，因此可形成以下不同的阻尼模式：

阻尼模式 1：考虑 30 个振型阻尼比为相应的计算值，且不考虑折减。

阻尼模式 2：考虑 20 个振型阻尼比，第 1 阶振型阻尼比取原有计算值，而第 20 阶振型阻尼取 0.01，中间的振型阻尼比按阶数进行线性插值。

阻尼模式 3：考虑 30 个振型阻尼比，第 1 阶振型阻尼比取原有计算值，而第 30 阶振型阻尼取 0.01，中间的振型阻尼比按阶数进行线性插值。

阻尼模式 4：考虑 20 个振型阻尼比，第 1 阶振型阻尼比取原有计算值，其余阶振型阻尼比按周期值递减。

阻尼模式 5：考虑 30 个振型阻尼比，第 1 阶振型阻尼比取原有计算值，其余阶振型阻尼比按周期值递减。

阻尼模式 6：考虑 30 个振型阻尼比，每阶振型阻尼比＝(阻尼模式 1 相应阶振型阻尼比＋阻尼模式 5 相应阶振型阻尼比)/2。

阻尼模式 7：考虑 20 个振型阻尼比，每阶振型阻尼比＝(阻尼模式 1 相应阶振型阻尼比＋阻尼模式 9 相应阶振型阻尼比)/2。

阻尼模式 8：考虑 30 个振型阻尼比，每阶振型阻尼比＝(阻尼模式 1 相应阶振型阻尼比＋阻尼模式 9 相应阶振型阻尼比)/2。

阻尼模式 9：在瑞利阻尼中，仅考虑质量阻尼系数 $\alpha = 2\xi_i\omega_1$，即各振型的阻尼比 $\xi_i = \alpha/(2\omega_i)$，$i = 1, 2, \cdots, 30$。

4）基底剪力的比较

由图 5.4-3 可见，不同阻尼模式下的基底剪力相差不大，各阻尼模式间基底剪力的差值均在 9 种模式平均值的 10％以内，说明高振型阻尼比对基底剪力的影响较小。

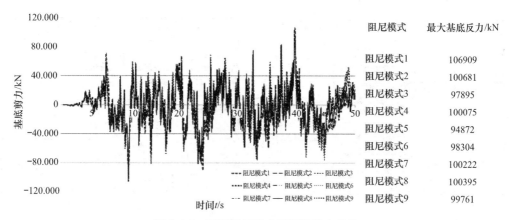

图 5.4-3　不同阻尼模式下基底剪力对比

5）顶层位移的比较

由图 5.4-4 可见，不同阻尼模式下的顶层位移随着地震作用的持续，相差较大；其中阻尼模式 9（即瑞利阻尼）的顶层位移最大，而阻尼模式 1（即振型阻尼）的顶层位移最小，前者是后者的 1.42 倍。在阻尼模式相同而阶数不同的情况下，考虑 20 阶振型和 30 阶振型的顶层位移相差不大，说明 20 阶以后的振型阻尼对位移的影响已非常小；对比阻尼模式 2 与阻尼模式 3 情况下结构的层间位移角，前者是后者的 1.04 倍；对比阻尼模式 4 与阻尼模式 5 情况下结构的层间位移角，前者是后者的 0.94 倍。

6）层间位移角的比较

由图 5.4-5 可见，不同阻尼模式下的层间位移角相差较大；其中阻尼模式 9（即瑞利阻尼）的层间位移角最大，而阻尼模式 1（即振型阻尼）的层间位移角最小，前者是后者的 1.5 倍。阻尼取法仅阶数不同的情况下，考虑 20 阶振型和 30 阶振型的层间位移角相差不大，说明 20 阶以后的振型阻尼对层间位移角的影响已非常小；对比阻尼模式 2 与阻尼模式 3 情况下结构的层间位移角，前者是后者的 1.05 倍；对比阻尼模式 4 与阻尼模式 5 情况下结构的层间位移角，前者是后者的 0.96 倍。

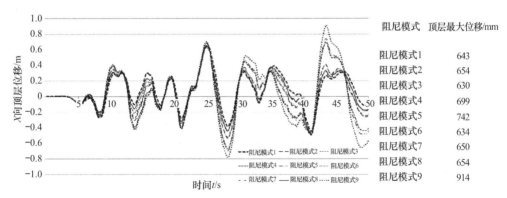

图 5.4-4　不同阻尼模式下顶层位移对比

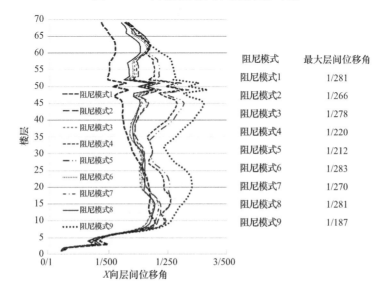

图 5.4-5　不同阻尼模式下层间位移角对比

7）考虑高振型阻尼分析的主要结论

对所引用的工程实例来说，分析结果表明：

（1）不同阻尼模式对结构的基底剪力影响较小，各阻尼模式间基底剪力的差值均在 9 种模式平均值的 10% 以内。

（2）高振型阻尼比主要影响结构的层间位移，特别是结构的中上部的层间位移，瑞利阻尼（阻尼模式 9）最大层间位移角是振型阻尼（阻尼模式 1）最大层间位移角的 1.5 倍。

（3）若采用未计高振型阻尼比影响的瑞利阻尼（阻尼模式 9），结构在地震作用下的层间位移偏大，即基于此结果的设计控制偏于保守。

（4）若采用考虑高振型影响的振型阻尼模式（阻尼模式 1），结构上部的振动幅值明显小于未考虑高振型阻尼比的振动幅值。

（5）考虑振型阻尼比的折减，其层间位移曲线介于振型阻尼（阻尼模式 1）与瑞利阻尼（阻尼模式 9）相应位移曲线之间。

（6）对建筑高度不小于 250m 的结构，宜考虑高振型阻尼的影响。

第6章

软件之间的互联互通

对于复杂结构的分析与设计，一个软件通常难以满足要求。为此，研发 MATLAB 与 AutoCAD、MidasGen 及 ABAQUS 之间的接口，打通了从线性结构分析、非线性分析到三维图形表达的隧道。同时，由于 MATLAB 的加入与连接，不仅使得 AutoCAD、MIDAS Gen 及 ABAQUS 互联互通、优势互补、相辅相成，而且形成了具有三维图形、线性分析与非线性分析等功能增强的集成软件包，如图 6.0-1 所示。

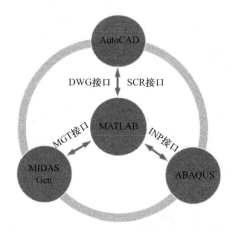

图 6.0-1　多平台融合与功能增强的系统构架图

6.1　MIDAS Gen 分析模型转成 ABAQUS 分析模型

结构复杂或超限时，需要 ABAQUS 等非线性分析软件做较精确的大震弹塑性及极限承载力等分析，但根据结构布置图及其参数去建立结构的 ABAQUS 分析模型是十分困难的事情，常常令人望而却步。

6.1.1　对 MIDAS Gen 分析模型 MGT 文件作预处理

如果已有 MIDAS Gen 分析模型，则只需对其 MGT 文本文件的内容与格式进行分析与解读，并对 MIDAS Gen 分析模型数据做一些必要的修改，再通过预处理程序 premgt.m，形成后续工作所需要的数据，如节点、单元、材料、截面、厚度等数据。

premgt.m 程序编制的技术要点如下：

1）对 MIDAS Gen 计算模型与参数进行适当的修改，以方便 MATLAB 程序处理。

材料的规范选择栏中宜选择无，以显示材料的弹性模量、泊松比等；否则，除弹性模量外，泊松比、热胀系数、重度等材料参数由程序指定。应勾选截面栏中的用户选项，以显示截面的几何数据。

对相关单元应进行细分。如将板单元尺寸控制在 1～2m 左右，将普通梁单元分为 3～5 段，另外，对梁应力变化较大处，宜再细分之。对用壳元表达的连梁处的剪力墙，应划分为暗柱区（梁单元）与墙身区（壳单元）。节点间最小尺寸不宜小于 0.6m。

不同配筋而相同厚度的墙与板（壳单元）可采用同一厚度、不同厚度编号来处理，或在厚度附加小数点后的数加以区分，如 $h=120$，$h=120.5$，$h=200.9$ 等；对板来说，采用 $h=120.5$，5 代表层号或识别号；对墙来说，采用厚度 $h=200.2$，附点后的数字 2 代表 Y 向墙，以获得正确的布筋方向。板单元节点不必与墙暗柱区域的内节点一一对应，以减少壳元的个数。

将型钢混凝土构件等效为型钢梁单元与混凝土梁单元，并共节点。对钢梁铰接端，简化起见，可采用如下处理方法：在铰接端处分割一段短梁（如长度为 0.1m），采用箱梁截面，其上下翼缘厚度取较小的值（如 0.1mm），其两个腹板的厚度为实际腹板的厚度。

2）MGT 文件中单位一律采用 kN-m 制。

3）MIDAS Gen 不同版本的 MGT 文件数据格式有一些细微的差别，尤其是截面数据部分。针对此问题，可采取如下办法进行处理：对关键词进行搜索定位，然后以关键词的位置为基准进行相对定位，以减小版本格式的干扰。另外，也可将程序作相应的调整。

4）读取 MGT 文件数据一行后，对其字符串作规范化处理，如消除前后空格、略去注释行等。

5）通过搜索关键词，判断是否进入相应的数据块。若是，则获取相应的数据。

6）对材料、截面与厚度等数据进行检查，以保证后续数据的正确性。

7）采用 MATLAB 内部函数 save（filename，variables），将节点、单元、材料、截面、厚度等数据，存成外存设备中的文件，以便后续处理程序调用。

premgt. m 程序的源代码如下：

```
%本程序 premgt.m 的功能:将 MIDAS Gen(V8.0)结构模型
%(仅含 truss、beam 及 shell 单元)MGT 文件作预处理,
%形成节点、单元、材料、梁截面、板截面等数据,并存盘,为后续处理作准备。
%注意:MIDAS Gen 版本不同,其 MGT 文件数据格式可能有变化,尤其是截面数据部分,程序可能要
作相应调整。


%初始化
    echo off all
    clear all


    XR=[1,0,0]; %X 轴单位矢量
    YR=[0,1,0]; %Y 轴单位矢量
    ZR=[0,0,1]; %Z 轴单位矢量


    mark_mat=0;%读取材料数据标志
```

```
        mark_section=0;%读取截面数据标志
        mark_thickness=0;%读取厚度数据标志
        mark_node=0;%读取节点数据标志
        mark_element=0;%读取单元数据标志

        ma=zeros(1,6);%材料号
        se=zeros(1,10);%梁截面
        th=[];%板厚度
        ne=[];%节点坐标数据(n,x,y,z)
        tr=[];%桁架单元数据(n,m,s,n1,n2)
        be=[];%梁柱单元数据(n,m,s,n1,n2,ang)
        cb=[];%混凝土梁柱单元数据(n,s,n1,n2,ang)
        sh=[];%板壳单元数据(n,m,s,n1,n2,n3,n4)
%%%%%%%%%%%%%%%%%%%%%%%%%%%%%%%%%%%%%%%%%%%%%%%%%%
    fi=input('请输入 MGT 的文件名:[d:\\tt\\t2.mgt] ','s');
    if size(fi)==[0 0];fi='d:\tt\t2.mgt';end;

    fid=fopen(fi,'r');
        if fid==-1
          fprintf('程序退出,相关路径无法打开此文件: %s\n',fi);
          return;
        end


    fo=input('请输入变量存贮文件名:[d:\\tt\\t2.mat] ','s');
    if size(fo)==[0 0];fo='d:\tt\t2.mat';end;

    fod=fopen(fo,'w');
        if fod==-1
          fprintf('程序退出,相关路径无法建立此文件: %s\n',fo);
          return;
        end
    fclose(fod);


    %%%%%%%%%%%%%%%%%%%%%%%%%%%%%%%%%%%%%%%%%%%%%%%
    fprintf('请稍候...! \n');
      tic;%起到秒表
        %打开 MGT 文件,获取节点、材料、截面、板厚等数据。
      while 1
        LINE=fgetl(fid);%读取文本文件的一行

        %%%%%   预处理   %%%%%
```

```
if LINE<0   %到文件尾,跳出循环!
    break
end;

if length(LINE)==0 %略去空行
    continue   %再读下一行
end

LINE=strtrim(LINE); %读去掉前后空格
a=findstr(LINE,';');
if length(a)>0
if a(1)==1   %略去以;为首字符标志的注释行
    continue   %再读下一行
end
end

%%%%%%% 主处理  %%%%%%%
if findstr(LINE,'*NODE')==1
    mark_node=1; %表明正在读取节点数据
    continue
  elseif mark_node==1 & length(findstr(LINE,','))==0
    mark_node=0;
end
    if findstr(LINE,'*ELEMENT')==1 %仅一次
    mark_element=1;
    continue
elseif mark_element==1 & length(findstr(LINE,','))==0
    mark_element=0;
 end

 if findstr(LINE,'* MATERIAL')==1
   mark_mat=1; %表明正在读取材料数据
    ii=1;
 continue
 end
 if  mark_mat==1&findstr(LINE,'*')==1
   mark_mat=0;
 end

 if findstr(LINE,'*SECTION')==1
   mark_section=1; %表明正在读取截面数据
    ii=1;
```

```
            continue
        end
        if mark_section==1&findstr(LINE,'*')==1
           mark_section=0;
        end

        if findstr(LINE,'*THICKNESS')==1
           mark_thickness=1;   %表明正在读取厚度数据
             continue
        end

        if  mark_thickness==1&findstr(LINE,'*')==1
             mark_thickness=0;
             %以下数据忽略
             break;
        end

    if mark_node==1
        bp=str2num1(LINE);
        ne=[ne;[bp(1),bp(2),bp(3),bp(4)]];
    end  %end of node

    if mark_element==1
          el=str2mat1(LINE);
          eln=strtok(el(2,:));

        if strcmp(eln,'TRUSS')
           bp=str2num1(LINE);
            tr=[tr;[bp(1),bp(3),bp(4),bp(5),bp(6)]];
        end

         if strcmp(eln,'BEAM')
           bp=str2num1(LINE);
            be=[be;[bp(1),bp(3),bp(4),bp(5),bp(6),bp(7)]];
         end

      if strcmp(eln,'WALL') |strcmp(eln,'PLATE')
           bp=str2num1(LINE);
           sh=[sh;[bp(1),bp(3),bp(4),bp(5),bp(6),bp(7),bp(8)]];
      end
      end %end of element
%%%%%%%%%%%%%%%%%%%%%%%%%%%%%%%%%%%%%%%%%%%%%%%%%%%%%%%%%%%
```

```
if mark_mat==1 %注意:各种材料数据的个数不是相同的。
    num1=str2num1(LINE);
    nm=find(num1>1e4,1);%弹性模量 E0 对应的数组位置 nm
    str=str2cell(LINE,',');
    si=size(str);
    mode=strtrim(str{2});%第 2 个字段,分隔符为',' 或 ';'
  if strcmp(mode,'SRC')
    nmat=3;
  elseif strcmp(mode,'STEEL')
    nmat=2;
  elseif strcmp(mode,'USER') %可包括钢材和混凝土
    nmat=4;
  else
    nmat=1;
  end

    if length(findstr(LINE,'GB'))>0    %有国标,则直接指定材料参数。
        ma(ii,1)=fix(num1(1));%材料编号(序号)
        ma(ii,3)=num1(nm);   %E0
        if ma(ii,3)>2e8 %钢材
            ma(ii,4)=0.3;   %泊松比
            ma(ii,5)=1.2e-5;   %热胀系数
            ma(ii,6)=78.5;%容重
        else %混凝土
            ma(ii,4)=0.2;   %泊松比
            ma(ii,5)=1.0e-5;   %热胀系数
            ma(ii,6)=25.5;%容重
        end
    else     %无国标,则数据确定材料参数。
        if nmat==3 & si(2)<20
            LINE1=fgetl(fid);
            LINE=strcat(LINE,LINE1);
            num1=str2num1(LINE);
            ma(ii,1)=fix(num1(1)); %材料编号(序号)
            ma(ii,3)=num1(6+nm);   %E0
            ma(ii,4)=num1(7+nm);    %泊松比
            ma(ii,5)=num1(8+nm);    %热胀系数
            ma(ii,6)=num1(9+nm);%容重
        else
            ma(ii,1)=fix(num1(1));
            ma(ii,3)=num1(nm);   %E0
            ma(ii,4)=num1(1+nm);    %泊松比
```

```
    ma(ii,5)=num1(2+nm);    %热胀系数
    ma(ii,6)=num1(3+nm);    %容重
  end
end

%由弹性模量求材料等级，即求 ma(ii,2)（材质号）。
if abs(ma(ii,3)-2.20E7)<=4e5
cr=15;
elseif  abs(ma(ii,3)-2.55E7)<=4e5
cr=20;
elseif  abs(ma(ii,3)-2.80E7)<=4e5
cr=25;
elseif  abs(ma(ii,3)-3.00E7)<=4e5
cr=30;
elseif  abs(ma(ii,3)-3.15E7)<=4e5
cr=35;
elseif  abs(ma(ii,3)-3.2599E7)<=4e5
cr=40;
elseif  abs(ma(ii,3)-3.35E7)<=4e5
cr=45;
elseif  abs(ma(ii,3)-3.45E7)<=4e5
cr=50;
elseif abs(ma(ii,3)-3.55E7)<=4e5
cr=55;
elseif abs(ma(ii,3)-3.605E7)<=4e5
cr=60;
elseif abs(ma(ii,3)-3.65E7)<=4e5
cr=65;
elseif abs(ma(ii,3)-3.70E7)<=4e5
cr=70;
elseif abs(ma(ii,3)-3.75E7)<=4e5
cr=75;
elseif abs(ma(ii,3)-3.80E7)<=4e5
cr=80;
elseif abs(ma(ii,3)-2.00E8)<=4e7
cr=345;
elseif abs(ma(ii,3)-3.00E8)<=4e7
cr=400;    %刚臂材料
else
cr=30;
end
  ma(ii,2)=cr; %材料等级
```

```
        if ma(ii,3)>0&prod(ma(ii,4:6))==0
          ma(ii,4)=0.3;    %泊松比
          ma(ii,5)=1.2e-5;   %热胀系数
          ma(ii,6)=1e-3;   %重度
          end


      if prod(ma(ii,3:6))==0
        fprintf('错误:材料编号为%d的某参数为 0! \n',ma(ii,1));
      else
        fprintf('材料编号为%d的数据检查结果正常! \n',ma(ii,1));
      end
      ii=ii+1;
   end %END OF IFmark_mat
%%%%%%%%%%%%%%%%%%%%%%%%%%%%%%%%%%%%%%
if mark_section==1
        str=str2cell(LINE,',');%以‘,’为分隔符,变为字符串元胞。
        si=size(str);
        ny=finds(str,'YES');
        nn=finds(str,'NO');
        if ny>0 & nn==0
          nm=ny+1;%截面形状参数的位置
          nb=ny+3; %截面尺寸第 1 个参数的位置
        else
          nm=ny+2;
          nb=ny+4;
        end
      mode=strtrim(str{nm});
      na=strtrim(str{2});
      if si(2)<20 & (strcmp(na,'SRC')| strcmp(na,'TAPERED'))
          LINE1=fgetl(fid);
          LINE=strcat(LINE,',',LINE1);%合并行
        end
      num1=str2num1(LINE);

      se(ii,1)=fix(num1(1)); %断面编号
      if strcmp(mode,'SB'); %矩形,mode=1
      se(ii,2)=1;
       if length(findstr(LINE,' USER'))>0
         nb=nb+2;
       end
      se(ii,3)=num1(nb); %H
      se(ii,4)=num1(1+nb);%B
```

```
if prod(se(ii,3:4))==0
  fprintf('错误:截面编号为%d的某截面尺寸为 0! \n',se(ii,1));
else
  fprintf('截面编号为%d的数据检查结果正常! \n',se(ii,1));
end
end

if strcmp(mode,'B'); %空心矩形,mode=2,box
se(ii,2)=2;
if length(findstr(LINE,'GB-YB'))==0
 if length(findstr(LINE,' USER'))>0
  nb=nb+2;
 end
 se(ii,3)=num1(nb); %H
 se(ii,4)=num1(1+nb); %B
 se(ii,5)=num1(3+nb); %t1=tf
 se(ii,7)=num1(3+nb); %t3=tf
 se(ii,6)=num1(2+nb); %t2=tw
 se(ii,8)=num1(2+nb); %t4=tw
else %B 600x400x14
    xh=str{1+nb};
  xh1=str2mat2(xh,'x');
  xh2=str2mat2(xh1(1,:),'B');
  se(ii,3)=str2num(xh2(2,:)); %H
  se(ii,4)=str2num(xh1(2,:)); %B
  t=str2num(xh1(3,:)); %t
  se(ii,5)=t; %t1=t
  se(ii,7)=t; %t3=t
  se(ii,6)=t; %t2=t
  se(ii,8)=t; %t4=t
end
if prod(se(ii,3:8))==0
  fprintf('错误:截面编号为%d的某截面尺寸为 0! \n',se(ii,1));
else
  fprintf('截面编号为%d的数据检查结果正常! \n',se(ii,1));
end
end

if strcmp(mode,'SR') %实心圆形截面,mode=3,cir
 se(ii,2)=3;
 se(ii,3)=num1(nb)/2;  %R
 if se(ii,3)==0
```

```
      fprintf('错误:截面编号为%d的某截面尺寸为 0! \n',se(ii,1));
    else
      fprintf('截面编号为%d的数据检查结果正常! \n',se(ii,1));
    end
end
  if strcmp(mode,'P')%管形,mode=4,pipe
      se(ii,2)=4;
      if length(findstr(LINE,'GB-YB'))==0
      se(ii,3)=num1(nb)/2;%R
      se(ii,4)=num1(1+nb); %t
      else
      xh=str{1+nb};
    [f r]=strtok(xh);
    [len tik]=strtok(r,'x');
    [tik]=strtok(tik,'x');
      se(ii,3)=str2num(len)/2;
      se(ii,4)=str2num(tik);
      end
    if prod(se(ii,3:4))==0
      fprintf('错误:截面编号为%d的某截面尺寸为 0! \n',se(ii,1));
      else
      fprintf('截面编号为%d的数据检查结果正常! \n',se(ii,1));
    end
end

if strcmp(mode,'H') %仅对上下翼缘等厚与等宽的工字钢,mode=5,H
if length(findstr(LINE,'GB-YB'))==0
  se(ii,2)=5;
  if length(findstr(LINE,' USER'))>0
    nb=nb+2;
  end
  se(ii,3)=num1(nb)/2; %H/2
  se(ii,4)=num1(nb); %H
  se(ii,5)=num1(1+nb); %bd
  se(ii,6)=num1(1+nb); %bu
  se(ii,7)=num1(2+nb); %td
  se(ii,8)=num1(2+nb); %tu
  se(ii,9)=num1(2+nb); %tm
  else
    xh=str{1+nb};
  [f r]=strtok(xh);
  [h r]=strtok(r,'x');
```

```
    [b r]=strtok(r,'x');
    [r]=strtok(r,'x');
    [tm,td]=strtok(r,'/');
    [td]=strtok(td,'/');
    se(ii,2)=5;
    se(ii,3)=str2num(h)/2;
    se(ii,4)=str2num(h);
    se(ii,5)=str2num(b);
    se(ii,6)=str2num(b);
    se(ii,7)=str2num(td);
    se(ii,8)=str2num(td);
    se(ii,8)=str2num(td);
    se(ii,9)=str2num(tm);
  end
  if prod(se(ii,3:9))==0
    fprintf('错误:截面编号为%d的某截面尺寸为0! \n',se(ii,1));
  else
    fprintf('截面编号为%d的数据检查结果正常! \n',se(ii,1));
  end
  end %end of H
if strcmp(mode,'T') %T形,mode=6
  se(ii,2)=6;
  se(ii,3)=num1(nb);     %h
  se(ii,4)=num1(1+nb);   %b
  se(ii,5)=num1(nb)/2;
  se(ii,6)=num1(2+nb);   %tm
  se(ii,7)=num1(3+nb);   %td
  if prod(se(ii,3:7))==0
    fprintf('错误:截面编号为%d的某截面尺寸为0! \n',se(ii,1));
  else
    fprintf('截面编号为%d的数据检查结果正常! \n',se(ii,1));
  end
end
  if strcmp(mode,'L') %L形,mode=7
  if length(findstr(LINE,'GB-YB'))==0
    se(ii,2)=7;
    se(ii,3)=num1(nb); %a
    se(ii,4)=num1(1+nb); %b
    se(ii,5)=num1(3+nb); %td
    se(ii,6)=num1(2+nb);   %tw
  else
    xh=str{1+nb};
```

```
            [f r]=strtok(xh);
            [len tik]=strtok(r,'x');
            [tik]=strtok(tik,'x');
            se(ii,2)=7;
            se(ii,3)=str2num(len);
            se(ii,4)=str2num(len);
            se(ii,5)=str2num(tik);
            se(ii,6)=str2num(tik);
        end
    if prod(se(ii,3:5))==0
        fprintf('错误:截面编号为%d的某截面尺寸为0! \n',se(ii,1));
    else
        fprintf('截面编号为%d的数据检查结果正常! \n',se(ii,1));
    end
    end %END OF L

    if strcmp(mode,'RHB')|strcmp(mode,'RBC') ;
        se(ii,2)=1;
        if nn==0
         se(ii,3)=num1(ny+7); %B
         se(ii,4)=num1(ny+8);  %H
        else
         se(ii,3)=num1(ny+9); %B
         se(ii,4)=num1(ny+10);  %H
        end
        if prod(se(ii,3:4))==0
            fprintf('错误:截面编号为%d的某截面尺寸为0! \n',se(ii,1));
        else
            fprintf('截面编号为%d的数据检查结果正常! \n',se(ii,1));
        end
    end

    if  strcmp(mode,'EPC') ;
        se(ii,2)=3;
        if nn==0
         se(ii,3)=num1(ny+7)/2; %r
        else
         se(ii,3)=num1(ny+9)/2; %r
        end
        if se(ii,3)==0
            fprintf('错误:截面编号为%d的某截面尺寸为0! \n',se(ii,1));
        else
```

```
                fprintf('截面编号为%d的数据检查结果正常！\n',se(ii,1));
              end
          end

          ii=ii+1;
      end     %END OF IF mark_section
   %%%%%%%%%%%%%%%%%%%%%%%%%%%%%%%%%%%%%%
        if mark_thickness==1
            num1=str2num1(LINE);
            str=str2cell(LINE,',');%以`,'为分隔符,变为字符串元胞。
            si=size(str);
            ny=finds(str,'YES');
          %no 厚度编号
            th1(1)=num1(1);
            %h
            th1(2)=num1(ny+1);
            th=[th;th1];
          if th1(2)==0
            fprintf('错误:厚度编号为%d的厚度为0！\n',th1(1));
          else
            fprintf('厚度编号为%d的数据检查结果正常！\n',th1(1));
          end
        end %END OF IF thickness
   %%%%%%%%%%%%%%%%%%%%%%%%%%%%%%%%%%%%
    end %end of while


   %为钢筋箱梁提供相关单元编号、节点及定向信息。
   %行数据为 iEL, N1, iN2, BETA(单元编号,节点1编号,节点2编号,欧拉角。)
     MBH=ma(:,1);
     si=size(be);
     nr=si(1);
     for n=1:nr
         nm=be(n,2);
      ix=find((MBH==nm),1);%材料序号
       if length(ix)==0
           fprintf('编号为%d的梁柱单元无对应的材料编号,请检查！\n',n);
           continue;
       end
if ma(ix,2)<100 %对混凝土或型钢混凝土材料,梁柱单元数据 be(n,m,s,n1,n2,ang)
         cb=[cb;[be(1),be(4),be(5),be(6)]];
     end
     end
```

```
    fclose(fid); %对应 MGT 文件
    fprintf('\n Ok,%s 文件已经形成。\n',fo);
    %将后续处理工作相关变量存贮到磁盘文件中
    save(fo,'ne','tr','be','sh','cb','ma','se','th');
fprintf('本次程序运行时间为%g(s)。\n',fix(toc));
```

finds.m 程序的源代码如下:

```
%本程序 finds.m 功能:在字符串元胞中找匹配字符串,
%返回第一个匹配字符串的相应位置,否则为 0。
%　例如:finds({'db','YES','NO'},'YES') 返回 2
%　例如:finds({'db','YES','NO'},'YE') 返回 0
function f=finds(str,s)
f=0;
[nr nc]=size(str);
  for n=1:nc
  sx=strtrim(str{n});
  s=strtrim(s);
  if strcmp(sx,s)
    f=n;
    break;
  end
end
```

6.1.2　对 MIDAS Gen 配筋文件作预处理

如需要进行大震弹塑性分析或材料与几何非线性极限承载力分析,则分析模型中应包含钢筋的单元。可将配筋等效为箱形截面或管形截面的梁单元,并与相应混凝土梁单元共节点。

对 MIDAS Gen 配筋文本文件的内容与格式进行分析与解读,再通过钢筋预处理程序 txt2bar.m,形成混凝土梁(柱)单元的配筋标准化文件,以供后续程序处理。

配筋标准化文件每行的格式如下:

若为箱形截面,nb 为相应混凝土梁柱单元编号,c 为识别号(梁及斜撑为 0,柱为 1),nsc 为截面代号(1='BOX',2='PIPE'),h 为等效箱形截面的高(单位为 m,下同),b 为等效方钢管的宽,td 为下侧板厚,tr 为右侧板厚,tu 为上侧板厚,tl 为左侧板厚。

若为管形截面,nb 为相应混凝土梁柱单元编号,c 为识别号(梁及斜撑为 0,柱为 1),nsc 为截面代号(1='BOX',2='PIPE'),r 为等效钢管的半径,t 为钢管厚度。箱形截面钢筋单元的定向数据另外由相应梁柱定向信息给定。

txt2bar.m 程序编制的技术要点:

1)对同一组合工况(如小震或中震等组合工况),设置一个对应的配筋集合文件,内含各层配筋的文件名。

2)设置钢筋放大系数。

3）通过搜索梁、柱、斜撑等相应的关键词，判断是否进入相应的数据块。若是，则获取相应的数据。

4）形成某组合工况下的配筋数据文件。

txt2bar.m 程序的源代码如下：

```
%本程序 txt2bar.m 的功能将 MIDAS 的配筋文件 txt 格式化，形成 bar.txt。
%初始化
echo off all;
clear all;
mark_NCR=0;
mark_NCC=0;
mark_NBR=0;
mark_NBC=0;
mark_NB=0;
nbc=0;

fo=input('请输入格式化后的配筋文件名[bar1.txt]: ','s');
if size(fo)==[0 0];fo='bar1.txt';end;
fod=fopen(fo,'w');
  if fod==-1
      fprintf('程序退出,相关路径无法建立此文件:%s。\n',fi);
      return;
    end

%配筋集合文件,每行为一个配筋文件名,dir *pj*.txt>set.txt
fi=input('请输入配筋集合文件名[set1.txt]: ','s');
if size(fi)==[0 0];fi='set1.txt';end;
fid=fopen(fi,'r');
    if fid==-1
      fprintf('程序退出,相关路径无法读取此文件:%s。\n',fi);
      return;
    end

    kc=input('柱配筋放大系数?[1.0]');
     if size(kc)==[0 0];kc=1.0;end;
    kt=input('梁顶部配筋放大系数?[1.0]');
     if size(kt)==[0 0];kt=1.0;end;
    kb=input('梁底部配筋放大系数?[1.0]');
     if size(kb)==[0 0];kb=1.0;end;
    kr=input('梁右侧配筋放大系数?[1.0]');
     if size(kr)==[0 0];kr=1.0;end;
     kl=input('梁左侧配筋放大系数?[1.0]');
```

```
      if size(kl)==[0 0];kl=1.0;end;

       while 1%对配筋集合文件进行循环
      LINE=fgetl(fid);
      if   sum(isspace(LINE))==length(LINE) %略去空行
        continue;
      end
     if LINE<0 %遇到文件结尾,则跳出外循环。
      break;
     end;

     fid1=fopen(LINE,'r') ;

%%%%%%%%%%%%%%%%%%%%%%%%%%%%%%%%%%%%%%%%%%%%%%%%%%%%%%%%%%%%%
    while 1 %对单个配筋文件的行进行循环
    LINE1=fgetl(fid1);

     if LINE1<0 %遇到文件结尾,则跳出内循环。
     break
     end;

     [t r]=strtok(LINE1);
     LINE1=strcat(t,r);

  if findstr(LINE1,'NC =')==1 & length(findstr(LINE1,'B* H'))>0 %矩形柱
        nbc=1; %柱
        nsc=1; %box;
        n=findstr(LINE1,'B*H');
        str=LINE1(6:n-3);
        nn=str2num(str); %单元号

        LINE2=LINE1(n+6:end);
        n=findstr(LINE2,'*');
        n1=findstr(LINE2,'Cover');

        n2=findstr(LINE2,'Ky');
        str=LINE2(n1+8:n2-3) ;
        c=str2num(str);
        c=max(35,c);%保护层厚度

        %获取宽度 b(m)
        str=LINE2(1:n-2);
```

```
            B=str2num(str);
            b=(B-2*c)/1000;

       % 获取高度 h (m)
            str=LINE2(n+1:n1-3);
            H=str2num(str);
            h=(H-2*c)/1000;

            if b<=0 | h<=0
              continue
            end
      mark_NCR=1;
         end   % 结束矩形柱尺寸的获取

         if mark_NCR==1 & length(findstr(LINE1,'Asv'))>=1
          mark_NCR=0;   % 找到柱箍筋的配筋后,处理矩形柱纵筋的工作结束。
         end

   if  mark_NCR==1 & length(findstr(LINE1,'As  ='))>=1
n=findstr(LINE1,'As  ='); % As 为总配筋量,四周均匀配筋。对非均匀配筋,应修改。
            str=LINE1(n+5:end);
         as=max(str2num(str),b*h*8e3); % 按 0.8% 构造配筋控制
         td=kc*as*1e-6/(2*b+2*h);

         tr=td;
         tl=td;
         tu=td;

         if b>0 & h>0
           fprintf(fod,'%d,%d,%d,%6.3f,%6.3f,%6.4f,%6.4f,%6.4f,%6.4f\n',…
nn,nbc,nsc,h,b,td,tr,tu,tl);
           end
         end

      if findstr(LINE1,'NC =')==1 & length(findstr(LINE1,'D'))>0 %圆柱
         nbc=1;
         nsc=2;%pipe
         n=findstr(LINE1,'D');
         str=LINE1(6:n-3);
         nn=str2num(str);   % 单元号

         n1=findstr(LINE1,'Cover');
```

```
        str=LINE1(n+3:n1-3);
        d=str2num(str);  %柱直径
        n2=findstr(LINE1,'Ky');

        str=LINE1(n1+8:n2-3);
        c=str2num(str);%保护层厚度
        c=max(35,c);

    if d<=0
        continue;
    end
    mark_NCC=1;
    end   %结束圆柱尺寸获取

    if mark_NCC==1 & length(findstr(LINE1,'Asv'))>= 1
        mark_NCC=0;  %找到箍筋的配筋后,处理圆柱纵筋的工作结束。
    end

    if  mark_NCC==1 & length(findstr(LINE1,'As  ='))>=1
        n=findstr(LINE1,'As  ='); %As 为总配筋量
        str=LINE1(n+5:end);
    r=(d-2*c)*1e-3/2;  %单位为m
    as=max(str2num(str),3.14*r*r*8e3); %按 0.8%构造配筋控制
    t=1e-3*kc*as/pi/(d-2*c); %单位为m

    if d>0
      fprintf(fod,'%d,%d,%d,%6.3f,%6.4f,0,0,0,0\n',nn,nbc,nsc,r,t);
    end
  end

if findstr(LINE1,'NBR =')==1 & length(findstr(LINE1,'B*H'))>0 %矩形斜撑
    nbc=0;
    nsc=1;
    n=findstr(LINE1,'B*H');
    str=LINE1(6:n-3);
    nn=str2num(str); %单元号

    %get cover 保护层厚度
    LINE2=LINE1(n+6:end);
    n=findstr(LINE2,'*');
    n1=findstr(LINE2,'Cover');
```

```
        n2=findstr(LINE2,'Ky');
        str=LINE2(n1+8:n2-3) ;
        c=str2num(str);
        c=max(35,c);

        str=LINE2(1:n-2);
        b=(str2num(str)-2*c)/1000;
        str=LINE2(n+1:n1-3);
        h=(str2num(str)-2*c)/1000;

        if b<=0 | h<=0
           continue;
        end
     mark_NBR=1;
   end   %结束矩形斜撑尺寸获取

   if mark_NBR==1 & length(findstr(LINE1,'Asv'))>=1
      mark_NBR=0;   %找到斜撑箍筋的配筋后,处理矩形斜撑纵筋的工作结束。
   end

 if  mark_NBR==1 & length(findstr(LINE1,'As  ='))>=1
        n=findstr(LINE1,'As  =');
     %As 为总配筋量,四周均匀配筋,对非均匀配筋,应修改。
        str=LINE1(n+5:end);
     as=max(str2num(str),b*h*8e3); %按 0.8%构造配筋控制
     td=kc*as*1e-6/(2*b+2*h);
     tr=td;tl=td;tu=td;

     if b>0 & h>0
       fprintf(fod,'%d,%d,%d,%6.3f,%6.3f,%6.4f,%6.4f,%6.4f,%6.4f\n',…
     nn,nbc,nsc,h,b,td,tr,tu,tl);
     end
   end

 if findstr(LINE1,'NBR =')==1 & length(findstr(LINE1,'D'))>0 %圆斜撑
     nbc=0;
     nsc=2;
     n=findstr(LINE1,'D');
     str=LINE1(6:n-3);
     nn=str2num(str);   %单元号

     n1=findstr(LINE1,'Cover');
```

```
        str=LINE1(n+3:n1-3);
        d=str2num(str);  %斜撑直径

        n2=findstr(LINE1,'Ky');

        str=LINE1(n1+8:n2-3);
        c=str2num(str) %保护层厚度
        c=max(35,c);
      if d<=0
        continue
      end
      mark_NBC=1;
      end   %结束圆斜撑尺寸获取


  if mark_NBC==1 & length(findstr(LINE1,'Asv'))>=1
    mark_NBC=0;   %找到箍筋的配筋后,处理圆斜撑纵筋的工作结束
  end

  if  mark_NBC==1 & length(findstr(LINE1,'As  ='))>=1
        n=findstr(LINE1,'As  ='); %As 为总配筋量
        str=LINE1(n+5:end);
     r=(d-2*c)*1e-3/2;  %单位为 m
     as=max(str2num(str),3.14*r*r*8e3); %按 0.8%构造配筋控制
     t=1e-3*kc*as/pi/(d-2*c); %单位为 m

     if d>0
       fprintf(fod,'%d,%d,%d,%6.3f,%6.4f,0,0,0,0\n',nn,nbc,nsc,r,t);
      end
    end

  if findstr(LINE1,'NB =')==1 %梁
      nbc=0;
      nsc=1;
      n=findstr(LINE1,'B* H');
      str=LINE1(6:n-3);
      nn=str2num(str); %单元号

      LINE2=LINE1(n+6:end);
      n=findstr(LINE2,'*');
      n1=findstr(LINE2,'Cover');

      n2=findstr(LINE2,'LB');
```

```
        str=LINE2(n1+8:n2-3);
        c=str2num(str);
        c=max(35,c);

        str=LINE2(1:n-2);
        b=(str2num(str)-2*c)/1000;

        str=LINE2(n+1:n1-3);
        h=(str2num(str)-2*c)/1000;

        if b<=0 | h<=0
          continue ;
        end

      mark_NB=1;
      elseifmark_NB==1 & findstr(LINE1,'Asv')==1
        mark_NB=0;
      end

    if  mark_NB==1 & findstr(LINE1,'Top_As')==1
      str=LINE1(7:end)
      tu=kt*max(str2num(str))*1e-6/b
    end

    if  mark_NB==1 & findstr(LINE1,'Btm_As')==1
        str=LINE1(7:end);
      td=kb*max(str2num(str))*1e-6/b;
      tr=kr*(b+0.06)*(h+0.06)*1e-3/h;
      tl=kl*(b+0.06)*(h+0.06)*1e-3/h;

      if tu==0;tu=tr; end
      if td==0;td=tr; end

      if b>0 & h>0
        fprintf(fod,'%d,%d,%d,%6.3f,%6.3f,%6.4f,%6.4f,%6.4f,%6.4f\n',…
          nn,nbc,nsc,h,b,td,tr,tu,tl);
      end
    end

  end % 内循环结束
  fclose(fid1);
end %外循环结束
```

```
    fclose(fid);
    fclose(fod);
    fprintf('\n Ok,%s 文件已经形成。\n',strcat(pwd,'\',fo));
```

6.1.3　将预处理后的配筋文件转为 ABAQUS 分析模型的 INP 文件

bar2inp. m 程序编制的技术要点如下：

1）采用 MATLAB 内部函数 load（filename，variables），从 MGT 变量外存文件中读入节点及混凝土梁单元等数据。

2）若需要进行配筋包络设计，则读入另一组合工况对应的标准化配筋文件。

3）根据构件配筋对应的梁单元编号及起始钢筋单元编号，赋予钢筋单元的编号。

4）根据混凝土梁单元数据中的节点编号，采用 MATLAB 内部函数 find(X，k)，求得节点对应的序号及相应的坐标值，结合梁的欧拉角，可求得箱形截面钢筋单元定向的第3点坐标。

5）根据 ABAQUS 梁单元数据的格式，形成相应的钢筋单元数据。

bar2inp. m 程序的源代码如下：

```
%本程序 bar2inp.m 功能:根据节点数据、混凝土梁柱单元数据及格式化后梁柱的配筋数据,
%形成箱形或管形截面钢筋单元的 INP 文件,以便 ABAQUS 分析中考虑钢筋的作用。
  %定义坐标轴单位矢量
  XR=[1,0,0];
  YR=[0,1,0];
  ZR=[0,0,1];
  %输入相关文件

fo=input('请输入 MGT 变量存贮文件名:[d:\\tt\\t2.mat] ','s');
if size(fo)==[0 0];fo='d:\tt\t2.mat';end;

fod=fopen(fo,'r');
    if fod==-1
      fprintf('程序退出,相关路径无法读取此文件: %s\n',fo);
      return;
    end
fclose(fod);
load(fo,'ne','cb');
nn=ne(:,1);    %其内容为节点的唯一编号
bb=cb(:,1);    %其内容为混凝土梁柱单元的唯一编号

fr=input('请输入混凝土梁柱配筋数据的文件名[bar1.txt]:','s');

if size(fr)==[0 0];fr='bar1.txt';end;
  frd=fopen(fr,'r');
```

```
     if frd==-1
        fprintf('程序退出,相关路径无法读取此文件: %s\n',fr);
        return;
     end
fclose(frd);
BAR1=textread(fr,'','delimiter',',');

pb=input('是否需要进行配筋包络设计(0:不需要;1:需要)[0]?');
  if size(pb)==[0 0];pb=0;end;

if pb==1
fr=input('请输入需要包络设计的混凝土梁柱配筋数据文件名
[bar2.txt]:','s')        %txt2bar.m产生
if size(fr)==[0 0];fr='bar2.txt';end;
  frd=fopen(fr,'r');
     if frd==-1
        fprintf('视为不需要进行配筋包络设计:%s\n',fr);
        close(fnd) ;
        BAR=BAR1;
     else
         fclose(fnd) ;
        BAR2=textread(fr,'','delimiter',',');
        BAR=max(BAR1,BAR2);%两个配筋包络,如小震与中震配筋包络。
     end
else
  BAR=BAR1;
end
rb=BAR(:,1);    %其内容为混凝土梁柱钢筋单元的唯一编号

fo=input('请输入钢筋单元的 INP 文件名[bar.inp]:','s');
if size(fo)==[0 0];fo='bar.inp';end;
fod=fopen(fo,'w');
  if fod==-1
    fprintf('程序退出,相关路径无法建立此文件: %s\n',fo);
    return;
  end

  nb=input('起始钢筋单元编号[1e6]:') %查 MGT 或 INP 文件,比非配筋单元大即可。
  if size(nb)==[0 0];nb=1e6;end;

for n=1:length(bb) %对混凝土单元个数循环
ix=find(rb==bb(n),1);%找对应钢筋单元的序号,以访问钢筋数据。
```

```
if length(ix)==0
fprintf('编号为%d的梁柱单元无配筋数据,请检查! \n',bb(n));
continue;
end
    fprintf(fod,'*ELEMENT,TYPE=B31,ELSET=bar%d\n',bb(n));
    nn1=bb(n)+nb;
    fprintf(fod,'%d,%d,%d\n',nn1,cb(n,2),cb(n,3));
%bar.txt 每行的格式:nb(梁柱单元编号),c(识别号,梁及斜撑为 0,柱为 1),
%nsc(截面代号,1='BOX',2='PIPE'),h(等效方钢管的高 m),
%b(等效方钢管的宽 m),td(下侧厚 m),tr(右侧厚 m),tu(上侧厚 m),tl(左侧厚 m)。
        switchfix(BAR(ix,3))
        case 1
         name='BOX';
    fprintf(fod,'*Beam Section, elset=bar%d,material=bar, poisson =0.3,…
ROTARY INERTIA=ISOTROPIC,temperature=GRADIENTS, section=%s\n',bb(n),name);
    fprintf(fod,'%6.3f,%6.3f,%6.4f,%6.4f,%6.4f,%6.4f\n', BAR(ix, 4),…
BAR(ix, 5), BAR(ix, 6), BAR(ix, 7), BAR(ix, 8), BAR(ix, 9));
        case 2
        name='PIPE';
    fprintf(fod,'*Beam Section, elset=bar%d,material=bar, poisson=0.3,…
ROTARY INERTIA=ISOTROPIC,temperature=GRADIENTS, section=%s\n',bb(n),name);
    fprintf(fod,'%6.3f,%6.4f\n', BAR(ix, 4), BAR(ix, 5));
        end


%求梁定向数据
        %由第一节点号 bp(5),求其坐标。
        iy=find(nn==cb(n,2),1);
        p1=ne(iy,2:4);
        if length(iy)==0
         fprintf('编号为%d的梁柱单元无对应节点,请检查! \n',bb(n));
         continue;
        end
        %由第二节点号 bp(6),求其坐标。
        iy=find(nn==cb(n,3),1);
        if length(iy)==0
         fprintf('编号为%d的梁柱单元无对应节点,请检查! \n',bb(n));
         continue;
        end
        p2=ne(iy,2:4);
        beta=cb(n,4)*pi/180;
        xr=p2-p1;xr0=xr/norm(xr);%斜梁局部坐标轴 x 的方向矢量 xr0。
        if 1-abs(dot(xr0,ZR))<=1e-3 %xr//ZR,柱
```

```
        p3=p2+XR*cos(beta)+YR*sin(beta);
      else %梁
      xr=p2-p1;xr0=xr/norm(xr);%斜梁局部坐标轴 x 的方向矢量 xr0。
      %斜梁主平面为铅直面时,局部坐标轴 y 的方向矢量 yrg。
      yrg=cross(ZR,xr0);yrg=yrg/norm(yrg);
      %斜梁主平面为铅直面时,局部坐标轴 z 的方向矢量 zrg。
      zrg=cross(xr0,yrg);
    if dot(zrg,ZR)<0 %保证 xoz 平面为铅直平面时局部坐标 zrg 轴朝上
      zrg=-zrg  ;
      end
        if beta <270*pi/180
          p3=p2+zrg*cos(beta)-yrg*sin(beta);
        else
          p3=p2+zrg*cos(360*pi/180-beta)+yrg*sin(360*pi/180-beta);
        end
      end


      dr=p3-p2;
      dr0=dr/norm(dr);
      fprintf(fod,'%6.3f,%6.3f,%6.4f\n',dr0) ; % 梁定向数据
end

fclose(fod)
fprintf('\n Ok,% s has been formed ! ',fo)
%*******************************************
```

6.1.4 将预处理后的结构数据转为 ABAQUS 分析模型的 INP 文件

mgt2inp. m 程序编制的技术要点如下:

(1) 采用 MATLAB 内部函数 load (filename, variables),从 MGT 变量外存文件中读入节点、桁架单元、梁单元、壳单元、材料、截面及厚度等数据。

(2) 设定需要约束节点 Z 坐标的最小值与最大值,以形成受约束节点的集合。

(3) 根据单元的材料编号与截面或厚度编号,构成单元集的编号。

(4) 采用函数 findr(rr, r),判断单元集矢量组是否存在新增矢量,形成最小的单元集矢量组。

(5) 根据梁单元数据中的节点编号,采用 MATLAB 内部函数 find(X, k),求得节点对应的序号及相应的坐标值,结合梁的欧拉角,可求得梁单元定向的第 3 点坐标。

(6) 根据单元的材料与截面和厚度编号,采用 MATLAB 内部函数 find(X, k),求得对应的序号及相应的数据。

(7) 根据 ABAQUS 节点、单元、截面与材料等数据的格式,形成相应的数据。

mgt2inp. m 程序及主要子程序的源代码如下:

244

%本程序 mgt2inp.m 的功能:将 MIDAS Gen 结构模型(仅含 truss、beam 及 shell 单元)MGT 文件的数据转化为 ABAQUS 中 INP 文件的数据。

%初始化

```
    echo off all
    clear all


    XR=[1,0,0]; %X轴单位矢量
    YR=[0,1,0]; %Y轴单位矢量
    ZR=[0,0,1]; %Z轴单位矢量
    snt=[]; %存贮桁架材料截面数据
    snb=[]; %存贮梁元材料截面数据
    snp=[]; %存贮板元材料截面数据


    NMA=0; %材料号的总数
    NSC=0; %梁截面的总数
    NTH=0; %板厚度的总数


    NC=[]; %受约束节点的编号集
    %%%%%%%%%%%%%%%%%%%%%%%%%%%%%%%%%%%%%%%%%%%%%%%%%%%%%
  fi=input('请输入 MGT 变量存贮文件名:[d:\\tt\\t2.mat] ','s')
if size(fi)==[0 0];fi='d:\tt\t2.mat';end;
fid=fopen(fi,'r')
    if fid==-1
        fprintf('程序退出,相关路径无法读取此文件:% s\n',fi)
        return
    end
fclose(fid);
load(fi,'ne','tr','be','sh','ma','se','th');


fo=input('请输入 INP 的文件名:[d:\\tt\\t2.inp] ','s')
if size(fo)==[0 0];fo='d:\tt\t2.inp';end;
fod=fopen(fo,'w');
  iffod==-1
        fprintf('程序退出,相关路径无法建立此文件:% s\n',fo);
        return
  end


  ptn=input('请输入部件名称[parta]:','s');
  if size(ptn)==[0 0];ptn='parta';end;


  inew=input('新增节点(定向节点)起始编号(0,1E6) [1E6]:');
  if size(inew)==[0 0]
```

```
    inew=1e6;
  end


  need=input('是否需要考虑 ROTARY INERTIA=ISOTROPIC?(1:需要,0:不需要)[1] ');
  if size(need)==[0 0];need=1;end;


H0a=input('需要约束节点 Z 坐标的最小值?[-20m]:');
if size(H0a)==[0 0];H0a=-20;end;
H0b=input('需要约束节点的 Z 坐标的最大值?[0.2m]:');
if size(H0b)==[0 0];H0b=0.2;end;


%%%%%%%%%%%%%%%%%%%%%%%%%%%%%%%%%%%%%%%%%%%%%%%%%
fprintf('请稍候...! \n');
  tic;%起到秒表
si=size(ne);
nr=si(1);
for n=1:nr
    if  ne(n,4)>=H0a & ne(n,4)<=H0b
        NC=[NC;fix(ne(n,1))];%受约束节点编号的集合
    end
end

  NBH=ne(:,1);%其内容为节点的唯一编号
  SBH=se(:,1);
  MBH=ma(:,1);
  TBH=th(:,1);

  NSC=length(SBH);
  NMA=length(MBH);
  NTH=length(TBH);

  fprintf(fod,'*Part,name=%s\n',ptn);
  fprintf(fod,'*NODE\n');
  fprintf(fod,'%d,%6.3f,%6.3f,%6.3f\n',ne');%高效存贮节点数据

        si=size(tr);
        nr=si(1);
        for n=1:nr
            %桁架单元数据格式:(n,m,s,n1,n2)
        ch=strcat('T',int2str(tr(n,2)),'-',int2str(tr(n,3)));
          if findr(snt,[tr(n,2),tr(n,3)])==0
        snt=[snt;[tr(n,2),tr(n,3)]];%若为新的集合名,则存储在数组中。
```

```
        end
    %材料编号与断面编号组合起来,作为桁架集合名。
        fprintf(fod,'*ELEMENT,TYPE=T3D2,ELSET=%s\n',ch);
        fprintf(fod,'%d,%d,%d\n',tr(n,1),tr(n,4),tr(n,5));
    end %end of truss

    si=size(be);
    nr=si(1);
    for n=1:nr
        %梁柱单元数据格式:(n,m,s,n1,n2,ang)
    ch=strcat('B',int2str(be(n,2)),'-',int2str(be(n,3)));
        if findr(snb,[be(n,2),be(n,3)])==0
        snb=[snb;[be(n,2),be(n,3)]];%若为新的集合名,则存储在数组中。
        end
    %材料编号与断面编号组合起来,作为梁集合名
        %由第一节点号be(n,4),求其坐标。
        ix=find(NBH==be(n,4),1);
        if length(ix)==0
fprintf('编号为%d的梁柱单元截面编号在截面数据中无对应的截面编号,…
        请检查! \n',be(n,1));
        continue;
        end
        p1=ne(ix,2:4);
        %由第二节点号be(n,5),求其坐标。
    ix=find(NBH==be(n,5),1);
        if length(ix)==0
fprintf('编号为%d的梁柱单元截面编号在截面数据中无对应的截面编号,…
        请检查! \n',be(n,1));
        continue;
        end
    p2=ne(ix,2:4);
        xr=p2-p1;xr0=xr/norm(xr);%斜梁局部坐标轴x的方向矢量xr0。
    %midas中斜梁的Beta角为绕局部坐标轴x=N1N2转动,
    %并将xoz平面(工字钢腹板平面)转成竖向平面(铅直平面)所需的角度。
    beta=be(6)*pi/180;%换成弧度单位
    ix=find(SBH==be(n,3),1);%截面序号
        if length(ix)==0
fprintf('编号为%d的梁柱单元截面编号在截面数据中无对应的截面编号,…
        请检查! \n',be(n,1));
        continue;
        end
    if 1-abs(dot(xr0,ZR))<=1e-3  %xr//ZR柱
```

247

```
        %%%%%%%%%单元为柱%%%%%%%%%%%%%%
        if se(ix,2)==5 | se(ix,2)==20
%工字钢在 ABAQUS 中与 midas 中定向方法不同,工字钢梁定向矢量与腹板方向垂直。
            p3=p2+XR*cos(beta+90*pi/180)+YR*sin(beta+90*pi/180);
        else
            p3=p2+XR*cos(beta)+YR*sin(beta); %其他截面类型
        end
    fprintf(fod,'*NODE\n');
    fprintf(fod,'%d,%8.4f,%8.4f,%8.4f\n',inew,p3); %第3点定向
    fprintf(fod,'*** column//Z ***\n',ch);
    fprintf(fod,'*ELEMENT,TYPE=B31,ELSET=%s\n',ch);
    fprintf(fod,'%d,%d,%d,%d\n',be(n,1),be(n,4),be(n,5),inew);
    inew=inew+1;
    else %beam
        %%%%%%%%%单元为梁%%%%%%%%%%%%%%
%斜梁主平面为铅直面时,局部坐标轴 y 的方向矢量 yrg。
    yrg=cross(ZR,xr0);yrg=yrg/norm(yrg);
%斜梁主平面为铅直面时,局部坐标轴 z 的方向矢量 zrg。
    zrg=cross(xr0,yrg);
    if dot(zrg,ZR)<0 %保证 xoz 平面为铅直平面时局部坐标 zrg 轴朝上
    zrg=-zrg;
    end
    if se(ix,2)==5 | se(ix,2)==20 %工字钢 P2,P3 为全局坐标系点或矢量!
        if beta <270*pi/180
%在 Abaqus 中普通工字钢梁的定向矢量为水平矢量,
%工字钢梁定向矢量与腹板方向垂直。
        p3=p2+zrg*sin(beta)+yrg*cos(beta);
        else
        p3=p2+zrg*sin(360*pi/180-beta)-yrg*cos(360*pi/180-beta);
        end
    else %非工字钢
        if beta <270*pi/180
        p3=p2+zrg*cos(beta)-yrg*sin(beta);
        else
        p3=p2+zrg*cos(360*pi/180-beta)+yrg*sin(360*pi/180-beta);
        end
    end
    fprintf(fod,'*NODE\n'); %新增定向节点
    fprintf(fod,'%d,%6.4f,%6.4f,%6.4f\n',inew,p3);
    fprintf(fod,'*ELEMENT,TYPE=B31,ELSET=%s\n',ch);
    fprintf(fod,'%d,%d,%d,%d\n',be(n,1),be(n,4),be(n,5),inew);
    inew=inew+1;
```

```
    end %beam
  end % end of beam

    si=size(sh);
     nr=si(1);
     for n=1:nr
     %板壳单元数据格式:(n,m,s,n1,n2,n3,n4)
  ch=strcat('P',int2str(sh(n,2)),'-',int2str(sh(n,3)));
     %材料编号与厚度编号组合起来,作为板集合名,但其集合较大,应归并。
     if findr(snp,[sh(n,2),sh(n,3)])==0
        snp=[snp;[sh(n,2),sh(n,3)]];%若为新的集合名,则存储在数组中
     end
     if sh(n,7)==0
        fprintf(fod,'*ELEMENT,TYPE=S3R,ELSET=%s\n',ch);
        fprintf(fod,'%d,%d,%d,%d\n',sh(n,1),sh(n,4),sh(n,5),sh(n,6));
     else
        fprintf(fod,'*ELEMENT,TYPE=S4R,ELSET=%s\n',ch);
fprintf(fod,'%d,%d,%d,%d,%d\n',sh(n,1),sh(n,4),sh(n,5),sh(n,6),sh(n,7));
     end
     end % end of PLATE
```

% 在 ABAQUS 中,材料、截面与单元类型相关,故应按单元类型分别转换数据。
% 若按集合编号转化材料和截面数据,则存在重复数据,故应处理。

% snt 为桁架集合名数组,其集合名为文件名 B 材料编号-桁架断面编号

```
    si=size(snt);nr=si(1);
    for n=1:nr
     fprintf(fod,'*Solid Section,…
elset=T%d-%d,material=m%d\n',snt(n,1),snt(n,2),snt(n,1));
     jj=find(SBH==snt(n,2),1);%由截面编号找截面顺序号,以调用相应数据。
     if length(jj)==0
        fprintf('编号为%d的桁架截面在截面数据中无对应的截面编号,…
                请检查! \n',snt(n,2));
        continue;
        end
    switch se(jj,2)
    case 1 % rect
      fprintf(fod,'%6.4f\n',se(jj,3)*se(jj,4));%均按矩形计算面积
    case 2 % box
      fprintf(fod,'%6.4f\n',…
        se(jj,3)*(se(jj,6)+se(jj,8))+se(jj,4)*(se(jj,5)+se(jj,7)));
    case 3 % cir
```

```matlab
      fprintf(fod,'%6.4f\n',se(jj,3)*se(jj,3)*pi); %r=se(jj,3)
   case 4 % pipe
      fprintf(fod,'%6.4f\n',2*se(jj,3)* pi*se(jj,4)); %r=se(jj,3)
   otherwise    % rect
      fprintf(fod,'%6.4f\n',se(jj,3)*se(jj,4)) %其余均按矩形计算面积
   end
  end % end of for truss
%%%%%%%%%%%%%%%%%%%%%%%%%%%%%%%%%%%%%%%%%%%%%%%%%%%%%%%%%%%%%%
% snb 为梁集合名数组,其集合名为文件名 B 材料编号-桁架断面编号。
si=size(snb);nr=si(1);
for n=1:nr
  jj=find(SBH==snb(n,2),1); %由截面编号找截面顺序号,以调用相应数据。
  if length(jj)==0
      fprintf('编号为%d的梁柱截面无对应的截面编号,请检查! \n',snb(n,2));
      continue;
  end
  sn=strcat('B',int2str(snb(n,1)),'-',int2str(snb(n,2)));%梁单元集的代号
      switch se(jj,2)
  case 1
      name='RECT';
  case 2
      name='BOX';
  case 3
      name='CIRC';
  case 4
      name='PIPE';
  case 5
      name='I';
  case 6
      name='T';
  case 7
      name='L';

  otherwise
      name='RECT';
  end

kk=find(MBH==snb(n,1),1); %由材料编号找材料顺序号,以调用相应数据。
      nmat=fix(ma(kk,2));
      E0=ma(kk,3);
      psb=ma(kk,4);
      % den=ma(kk,6)/10
```

```
    if need==1
      if se(jj,2)<=19
        fprintf(fod,'*Beam Section, …
              elset=B%d-%d,material=m%d, …
              poisson =%6.3f,ROTARY …
              INERTIA=ISOTROPIC,temperature=GRADIENTS, section=%s\n',...
              snb(n,1),snb(n,2),snb(n,1),psb,name);
      end
    else
      if se(jj,2)<=19
      fprintf(fod,'*Beam Section, …
      elset=B%d-%d,material=m%d, …
      poisson =%6.3f,temperature=GRADIENTS, section=%s\n',...
      snb(n,1),snb(n,2),snb(n,1),psb,name);
      end
    end
switch se(jj,2)
case 1 %RECT
    fprintf(fod,'%6.4f,%6.4f\n',se(jj,3),se(jj,4));
    fprintf(fod,'0,0,-1\n');
      if nmat>=15 & nmat <=100 %concret
        fprintf(fod,'*Transverse Shear\n');
      k23=0.428*0.85*se(jj,3)* se(jj,4)* E0;
      fprintf(fod,'%6.3f,%6.3f,%6.3f\n',k23,k23,0.85*0.428);
      end
  case 2 %BOX
      fprintf(fod,'%6.4f,%6.4f,%6.4f,%6.4f,%6.4f,%6.4f\n',...
      se(jj,3),se(jj,4),se(jj,5),se(jj,6),se(jj,7),se(jj,8));
      fprintf(fod,'0,0,-1\n');
      if nmat>=15 & nmat <=100 %concret
      fprintf(fod,'*Transverse Shear\n');
      k23=se(jj,3)*(se(jj,6)+se(jj,8))+se(jj,4)*(se(jj,5)+se(jj,7));
      k23=E0*0.188*k23;
      fprintf(fod,'%6.3f,%6.3f,%6.3f\n',k23,k23,0.44* 0.428);
        end
  case 3 %CICR
      fprintf(fod,'%6.4f\n',se(jj,3));
      fprintf(fod,'0,0,-1\n');
      if nmat>=15 & nmat <=100 %concret
          fprintf(fod,'*Transverse Shear\n');
          k23=0.428*0.89*se(jj,3)*se(jj,3)*0.785*E0;
          fprintf(fod,'%6.3f,%6.3f,%6.3f\n',k23,k23,0.89* 0.428);
```

```
         end
      case 4 % PIPE
         fprintf(fod,'%6.4f,%6.4f\n',se(jj,3),se(jj,4));
         fprintf(fod,'0,0,-1\n');
          if nmat>=15 & nmat <=100 %concret
            fprintf(fod,'*Transverse Shear\n');
            k23=0.428*0.53*se(jj,3)*2*pi*se(jj,4)*E0;
            fprintf(fod,'%6.3f,%6.3f,%6.3f\n',k23,k23,0.53*0.428);
          end
      case 5 %H
         fprintf(fod,'%6.4f,%6.4f,%6.4f,%6.4f,%6.4f,%6.4f,%6.4f\n',…
      se(jj,3),se(jj,4),se(jj,5),se(jj,6),se(jj,7),se(jj,8),se(jj,9));
         %H的翼缘为n1方向,缺省为水平向
         fprintf(fod,'0,0,-1\n');
      case 6
         fprintf(fod,'%6.4f,%6.4f,%6.4f,%6.4f,%6.4f\n',…
      se(jj,3),se(jj,4),se(jj,5),se(jj,6),se(jj,7));
         fprintf(fod,'0,0,-1\n');
      case 7
      fprintf(fod,'%6.4f,%6.4f,%6.4f,%6.4f\n',…
      se(jj,3),se(jj,4),se(jj,5),se(jj,6));
      fprintf(fod,'0,0,-1\n');
      otherwise
         fprintf(fod,'%6.4f,%6.4f\n',se(jj,3),se(jj,4));
         fprintf(fod,'0,0,-1\n');
      end
   end % end of for beam
%%%%%%%%%%%%%%%%%%%%%%%%%%%%%%%%%%%%%%%%%%%%%%%%%%%%%%%%%
   % snp 板集合名数组,其集合名为文件名 B 材料编号-桁架断面编号。
  si=size(snp);nr=si(1);
    for n=1:nr
    fprintf(fod,'*Shell Section,…
            elset=P%d-%d,material=m%d,offset=0,…
          section integration=GAUSS\n',snp(n,1),snp(n,2),snp(n,1));
    jj=find(TBH==snp(n,2),1); %由截面编号找截面顺序号,以调用相应数据。
      fprintf(fod,'%6.3f,5\n',th(jj,2));
      if th(jj,2)>=0.06 %对 60mm 以上的混凝土板才给出配筋
      fprintf(fod,'*Rebar Layer\n');
      sita=0;

      % abs(B-fix(B)-0.2)<1e-2
      if  abs(th(jj,2)*1e3-fix(th(jj,2)*1e3)-0.2)<1e-2
```

```
    %附加信息为 2,则认为墙顺 Y 轴布置。
        sita=90;
    end
    % 钢筋层名,钢筋面积(m2),间距(m),层中位置(m,法线方向为正),
    fprintf(fod,'xb, 78.5e-6, 0.15, %6.3f,bar,…
        %6.3f\n',th(jj,2)*(-0.5)+0.02,sita);
    fprintf(fod,'yb, 78.5e-6, 0.15, %6.3f,bar,…
        %6.3f\n',th(jj,2)*(-0.5)+0.02,90-sita);
    fprintf(fod,'xt, 78.5e-6, 0.15, %6.3f,bar,…
        %6.3f\n',th(jj,2)*0.5-0.02,sita);
    fprintf(fod,'yt, 78.5e-6, 0.15, %6.3f,bar, …
        %6.3f\n',th(jj,2)*0.5-0.02,90-sita);
    end  % end of for bar layer
end % end of for plate
%%%%%%%%%%%%%%%%%%%%%%%%%%%%%%%%%%%%%%%
 fprintf(fod,'**include,input=bar.inp\n');
 fprintf(fod,'*End Part\n');
    fprintf(fod,'**ASSEMBLY\n');
    fprintf(fod,'**\n');
    fprintf(fod,'*Assembly, name=Assembly\n');
    fprintf(fod,'*Instance, name=%s-1, part=%s\n',ptn,ptn);
    fprintf(fod,'*End Instance\n');
    fprintf(fod,'*Nset, nset=N-1, instance=%s-1\n',ptn);
    fprintf(fod,'%d,%d,%d,%d,%d,%d,%d,%d,%d,%d\n',NC);%10个数一行
    fprintf(fod,'\n***\n');
    fprintf(fod,'*End Assembly\n');
    %转化材料数据
for jj=1:NMA
    nmat=ma(jj,2);   %材质号
    fprintf(fod,'*****CS=%d*****\n',nmat);
    fprintf(fod,'*Material, name=m%d\n',ma(jj,1));%梁材料编号
    fprintf(fod,'*Damping, alpha=0.2\n');
    fprintf(fod,'*Density\n');
    fprintf(fod,'%6.3f\n',ma(jj,6)/10);
    fprintf(fod,'*Depvar\n');
    fprintf(fod,'10\n');
    fprintf(fod,'*Elastic\n');
    fprintf(fod,'%6.3f, %6.3f\n',ma(jj,3),ma(jj,4));
     if nmat>=15 & nmat <=100 %即用户定义材料(包括塑性材料)
        fprintf(fod,'**User Material, constants=1\n');
        fprintf(fod,'**C%g\n',nmat);
      else
```

```
        fprintf(fod,'**include,input=C%g.inp\n',nmat);
      end    % end of if
    end
```

%钢筋材料
```
        fprintf(fod,'*****bar*****\n');
        fprintf(fod,'*Material, name=bar\n');
        fprintf(fod,'*Damping, alpha=0.08\n');
        fprintf(fod,'*Density\n');
        fprintf(fod,'7.85\n');
        fprintf(fod,'*Depvar\n');
        fprintf(fod,'1\n');
        fprintf(fod,'*Elastic\n');
        fprintf(fod,'2.06e8, 0.3\n');
```
%边界条件格式：节点集编号，起始自由度号，结束自由度号，
%节点自由度上的位移（缺省值为 0）。
```
fprintf(fod,' *Boundary\n');
fprintf(fod,'N-1, 1, 1\n');    %dx=0
fprintf(fod,'N-1, 2, 2\n');    %dy=0
fprintf(fod,'N-1, 3, 3\n');    %dz=0
fprintf(fod,'N-1, 4, 4\n');    %rx=0
fprintf(fod,'N-1, 5, 5\n');    %ry=0
fprintf(fod,'N-1, 6, 6\n');    %rz=0
```

%求自振频率
```
fprintf(fod,'*Step, name=Step-0, perturbation\n');
fprintf(fod,'*Frequency\n');
fprintf(fod,'15, , , , \n');
fprintf(fod,'*Restart, write, frequency=0\n');
fprintf(fod,'** FIELD OUTPUT: F-Output-1\n');
fprintf(fod,'*Output, field, variable=PRESELECT\n');
fprintf(fod,'*Node Output\n');
fprintf(fod,'UT\n');
fprintf(fod,'*End Step\n');
```

```
fclose(fod);
fprintf('\n Ok,%s 文件已经形成。\n',fo);
fprintf('本次程序运行时间为%g(s)。\n',fix(toc));
```

findr.m 程序的源代码如下：

```
% 本程序 findr.m 的主要功能:判断矢量组是否存在指定的矢量,
% 若存在返回 1,否则返回 0。
```

```
function f=findr(rr,r)
    if length(rr)==0
    f=0;
    else
    x=size(rr);
    nr=x(1);
    for n=1:nr
        s(n)=norm(rr(n,:)-r);
    end
    if length(find(s==0))>0
        f=1;
    else
        f=0;
    end
end
end
```

6.1.5 MIDAS Gen 分析模型转成 ABAQUS 分析模型的应用实例

1) 某会展中心 ABAQUS 大震弹塑性分析

项目位于宜昌市夷陵区，用地面积约 $23954.00m^2$，总建筑面积 $60420.60m^2$，其中地上建筑面积 $36057.01m^2$。会展中心主体在 ±0.000 以上分缝为两个塔楼：左塔在 21.400m 标高以下为两个分离的结构，且在顶部通过钢-钢筋混凝土联合桁架连接为一个整体，局部向下设吊柱；右塔为展区，中部为最大投影跨度为 45m 的斜桁架。结构体系为钢筋混凝土框架-剪力墙结构，顶部连体部分采用钢-钢筋混凝土联合桁架，坡屋面采用钢桁架。主梁高度取 800mm，次梁高度取 700mm。计算嵌固端设置在地下室顶板，地下一层与一层的侧向刚度比大于 2。左塔主要屋面高度为 32.8m，右塔主要屋面高度为 31m（图 6.1-1）。

图 6.1-1 某会展中心建筑效果图

通过程序 premgt. m、txt2bar. m、bar2inp. m 及 mgt2inp. m，可将该结构的 MIDAS Gen 分析模型（图 6.1-2）及配筋文件转化为 ABAQUS 中的 INP 文件及其分析模型（图 6.1-3）。考虑了梁混凝土、钢筋和型钢的协同作用与钢管套箍效应等影响，进行了大震弹塑性分析，并针对结构薄弱部位进行了加强，保证了结构在大震作用下的安全性。

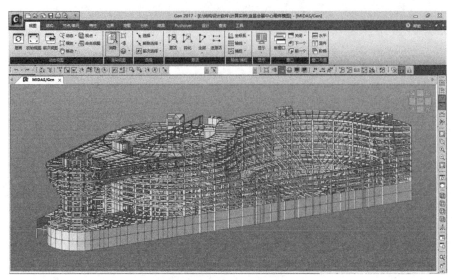

图 6.1-2　某会展中 MIDAS Gen 结构分析模型图

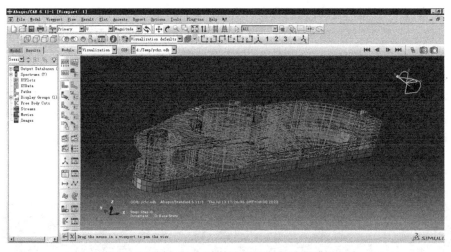

图 6.1-3　某会展中心 ABAQUS 结构分析模型图

ABAQUS 大震分析主要结论如下：

（1）剪力墙受压损伤主要出现在底部剪力墙和剪力墙收进部位；受拉损伤出现范围较大，尤其剪力墙的顶部、底部、洞口附近和连梁的受拉损伤比较严重。剪力墙的剪应变少量进入塑性，可认为满足剪力墙大震剪切不屈服的抗震目标。

（2）各层框架柱仅局部出现轻微的受拉损伤；部分框架梁出现受拉损伤；柱的钢筋都处在弹性阶段，梁局部钢筋出现屈服。

（3）斜钢桁架、悬吊桁架钢竖杆在整个过程中都未屈服。

（4）大震作用下基底剪力最大值是小震的 3～5 倍，在正常范围内。根据本工程的重要程度，应在以后施工图设计中，适当加大损伤较大处的配筋，以减小震后修复的工程量。

（5）最大塑性层间位移角为 1/257，小于相应规范限值（1/100）。

（6）本结构能够抵御大震（其峰值加速度为 1.159m/s^2）的作用，可实现预定的抗震性能目标。

2）某博物馆极限承载力分析

该项目位于东莞市松山湖工业区，主体建筑地上 3 层，建筑高度 19.3m，建筑面积约为 7000m^2。此建筑内部空间生动而灵巧，外部造型奇特且精致，其寓意为"光之容器"，建筑效果见图 6.1-4。

根据规范要求，对复杂空间结构，需要同时考虑几何与材料的非线性，进行极限承载力分析。

图 6.1-4　某博物馆建筑效果图

通过上述程序可将该结构的 MIDAS Gen 分析模型（图 6.1-5）及配筋文件转化为 ABAQUS 中的 INP 文件及其分析模型（图 6.1-6）。

对混凝土构件，应计入相应钢筋；本构模型考虑钢材和混凝土材料的本构非线性，同时在分析中考虑了结构几何非线性。荷载模式为结构等效质量作用，初始几何缺陷为节点 6 个自由度初始数值的随机误差，节点平动自由度数值的误差在 $-0.1\sim0.1\text{m}$ 随机分布，节点转动自由度数值的误差在 $-0.001\sim0.001\text{rad}$ 随机分布，共取两组随机数据，采用弧长法（Riks）进行跟踪分析。

计算结果表明，两组随机数据的计算结果相近，其极限临界荷载系数约为 6.2，大于规范限值 2，满足规范要求。

选取外壳某竖杆与工字钢梁的交点为关键节点 1，出入口上方幕墙某竖杆与环形桁架的交点为关键节点 2，考察这两个关键节点的位移 u 与荷载系数 l_{PF} 关系。如图 6.1-7 所

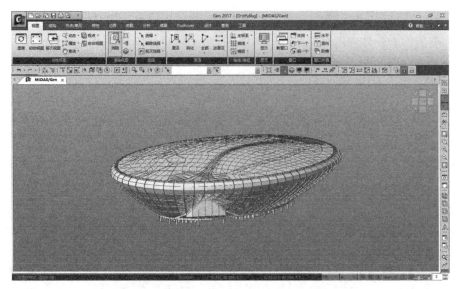

图 6.1-5　某博物馆 MIDAS Gen 结构分析模型图

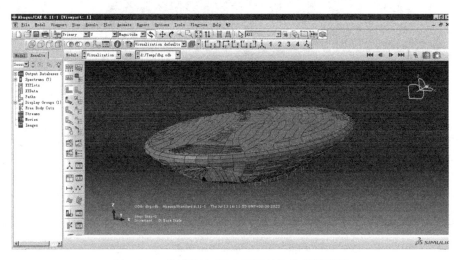

图 6.1-6　某博物馆 ABAQUS 结构分析模型图

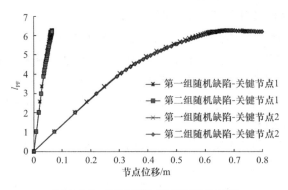

图 6.1-7　荷载系数-节点位移关系图

示，可判断 $l_{PF}=2$ 时，结构具有较好的双非稳定性。

即使在极限状态下，如图 6.1-8 所示，也仅有部分幕墙和屋盖出现失稳，而钢管组成的斜交网格结构未出现整体失稳，说明结构整体上具有较高的极限稳承载力。

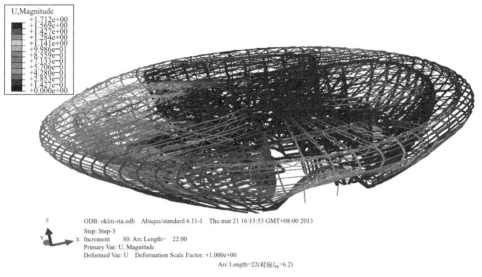

图 6.1-8　结构极限状态下的变形图

6.2　MIDAS Gen 几何模型转成 AutoCAD 几何模型

由于分析模型中具有一些技术含量或涉及知识产权，设计院有时不愿意给甲方提供分析模型，但甲方又需要其设计成果。另外，MIDAS Gen 虽然支持桁架单元、梁单元与壳单元等转化为 AutoCAD 的 DXF 文件，但不支持材料和截面等数据的文字导出，给使用者造成一些困难。因此，针对上述问题，根据 MGT 文件的格式，利用上述 DWG 接口函数或 SCR 接口函数，将桁架单元、梁单元与壳单元及其材料与截面等数据转成 AutoCAD 的图形与文字。

若直接将 MIDAS Gen 几何模型转成 AutoCAD 的 DWG 文件，虽然处理速度非常快，但由于早期 AutoCAD 版本的文字功能不支持文字定位点的 z 坐标，还需要作进一步处理。若直接将 MIDAS Gen 几何模型转成 AutoCAD 的 SCR 文件，运行速度偏慢，但无需上述文字处理过程。两者各有优缺点，可根据需求情况，来选择转换的方式。

6.2.1　MIDAS Gen 几何模型转成 AutoCAD 的 DWG 文件

1）mgt2dwg. m 程序编制的技术要点

（1）采用 MATLAB 内部函数 load（filename，variables），从 MGT 变量外存文件中读入节点、桁架单元、梁单元、壳单元、材料、截面及厚度等数据。

（2）设置文字的 z 坐标与文字高度之比，将文字的 z 坐标隐含在文字的高度上，然后通过 h2z. lsp 将文字的 z 坐标还原，并设置合适的文字高度。

（3）对桁架单元、梁单元、壳单元、材料、截面及厚度等，设置不同的图层，以便后续操作。

（4）根据节点编号及单元材料、截面和厚度等的编号，采用 MATLAB 内部函数 find (X，k)，求得对应的序号及相应的数据。

（5）利用 DWG 接口函数，形成相应的图形与文字。

2）mgt2dwg.m 程序及相关子程序的源代码

```
%本程序 mgt2dwg.m 的功能:将 MIDAS Gen 结构模型(仅含 truss、beam 及 shell 单元)
%MGT 文件的数据转化为 AutoCAD 中 DWG 文件的数据。
%初始化
  echo off all
  clear all

global fpi_g
global fpo_g

global tabaddr_g
global blkdaddr_g
global blkaddr_g
global layaddr_g
global styaddr_g
global ltyaddr_g
global viewaddr_g
global totsize_g
global entcnt_g
  %%%%%%%%%%%%%%%%%%%%%%%%%%%%%%%%%%%%%%%%%%%%%%%%%%%%%%%%%%%%%%
fi=input('请输入 MGT 变量存贮文件名:[d:\\tt\\t2.mat] ','s');
if size(fi)==[0 0];fi='d:\tt\t2.mat';end;

fid=fopen(fi,'r');
    if fid==-1
      fprintf('程序退出,相关路径无法读取此文件: %s\n',fi);
      return;
    end
fclose(fid);
load(fi,'ne','tr','be','sh','ma','se','th');

fo=input('请输入 DWG 的文件名:[d:\\tt\\t2.dwg] ','s');
if size(fo)==[0 0];fo='d:\tt\t2.dwg';end;
fod=fopen(fo,'w');
  iffod==-1
      fprintf('程序退出,相关路径无法建立此文件:%s\n',fo);
      return;
```

```
end
fclose(fod);
maopdwg(fo);

 dt=input('图形与文字(材料与截面)的需求信息(均需求:[1,1];仅需求图…形:[1,0];仅需求文
字:[0,1])[1,1]:');
 if size(dt)==[0 0];dt=[1,1];end;

if dt(2)==1
  kt=input('文字的 Z 坐标与文字高度之比[1e3]:');
 if size(kt)==[0 0];kt=1e3;end;
end

%%%%%%%%%%%%%%%%%%%%%%%%%%%%
fprintf('请稍候…! \n');
t1=round(clock);%记录起始时间
NBH=ne(:,1);%其内容为节点的唯一编号
SBH=se(:,1);
MBH=ma(:,1);
TBH=th(:,1);

    si=size(tr);
    nr=si(1);
    for n=1:nr
        %桁架单元数据格式:(n,m,s,n1,n2)
        ix=find(MBH==tr(n,2),1);
        ch=int2str(ma(ix,2));%材质代号
        ix=find(SBH==tr(n,3),1);
        mode=se(ix,2); %截面代号
        switch mode
            case 1
                ch1='SB';  %矩形
            case 2
                ch1='B';   %箱形
            case 3
                ch1='SR';  %圆形
            case 4
                ch1='P';   %圆管
            case 5
                ch1='H';   %H 形
            case 6
                ch1='T';   %T 形
```

```
            otherwise
                ch1='SB';
        end

        ch=[ch,'-',ch1];
        ch1=num2str1(se(ix,3:end),'x'); %截面参数。
        ch=[ch,ch1];

        %由第一节点号 tr(n,4),求其坐标。
        ix=find(NBH==tr(n,4),1);
         if length(ix)==0
fprintf('编号为%d的梁柱单元无对应的节点编号,请检查! \n',tr(n,1));
         continue;
        end
        p1=ne(ix,2:4);
        %由第二节点号 tr(n,5),求其坐标。
        ix=find(NBH==tr(n,5),1);
          if length(ix)==0
    fprintf('编号为%d的梁柱单元无对应的节点编号,请检查! \n',tr(n,1));
         continue;
        end
       p2=ne(ix,2:4);

        if dt(1)==1
          pp=[p1,p2];
          ma3dline(0,0,pp);
        end
        if dt(2)==1
            pm=(p1+p2)/2;
            ht=pm(3)/kt;
            mastext(10,pm(1),pm(2),0,ht,ch);
        end
    end
  end % end of truss

  si=size(be);
  nr=si(1);
  for n=1:nr
      %梁柱单元数据格式:(n,m,s,n1,n2,ang)
      ix=find(MBH==be(n,2),1);
      ch=int2str(ma(ix,2));%材质代号
      ix=find(SBH==be(n,3),1);
      mode=se(ix,2); %截面代号
```

```
    switch mode
        case 1
            ch1='SB';   %矩形
        case 2
            ch1='B';    %箱形
        case 3
            ch1='SR';   %圆形
        case 4
            ch1='P';    %圆管
        case 5
            ch1='H';    %H形
        case 6
            ch1='T';    %T形
        otherwise
            ch1='SB';
    end

    ch=[ch,'-',ch1];
    ch1=num2str1(se(ix,3:end),'x');  %截面参数。
    ch=[ch,ch1];
    %由第一节点号be(n,4),求其坐标。
    ix=find(NBH==be(n,4),1);
    if length(ix)==0
fprintf('编号为%d的梁柱单元无对应的节点编号,请检查! \n',be(n,1));
    continue;
    end
    p1=ne(ix,2:4);
    %由第二节点号be(n,5),求其坐标。
    ix=find(NBH==be(n,5),1);
    if length(ix)==0
fprintf('编号为%d的梁柱单元无对应的节点编号,请检查! \n',be(n,1));
    continue;
    end
    p2=ne(ix,2:4);
if dt(1)==1
    pp=[p1,p2];
    ma3dline(0,0,pp);
end
if dt(2)==1
    pm=(p1+p2)/2;
    ht=pm(3)/kt;
    mastext(10,pm(1),pm(2),0,ht,ch);
```

```
        end
    end % beam

    si=size(sh);
    nr=si(1);
    for n=1:nr
    %板壳单元数据格式:(n,m,s,n1,n2,n3,n4)。
        ix=find(MBH==sh(n,2),1);
        ch=int2str(ma(ix,2));%材质代号
        ch=[ch,'-'];
        ix=find(TBH==sh(n,3),1);
        ch1=num2str(th(ix,2)); %厚度参数。
        ch=[ch,ch1];

    ix=find(NBH==sh(n,4),1);
        if length(ix)==0
    fprintf('编号为%d的板壳单元无对应的节点编号,请检查! \n',sh(n,1));
        continue;
        end
        p1=ne(ix,2:4);
        %由第二节点号 sh(n,5),求其坐标。
     ix=find(NBH==sh(n,5),1);
        if length(ix)==0
    fprintf('编号为%d的板壳单元无对应的节点编号,请检查! \n',sh(n,1));
        continue;
        end
        p2=ne(ix,2:4);
        %由第二节点号 sh(n,6),求其坐标。
     ix=find(NBH==sh(n,6),1);
        if length(ix)==0
    fprintf('编号为%d的板壳单元无对应的节点编号,请检查! \n',sh(n,1));
        continue;
        end
        p3=ne(ix,2:4);
        ifsh(n,7)~=0
        ix=find(NBH==sh(n,7),1);
        if length(ix)==0
    fprintf('编号为%d的板壳单元无对应的节点编号,请检查! \n',sh(n,1));
        continue;
        end
        p4=ne(ix,2:4);
        end
```

```
      if dt(1)==1
        if sh(n,7)==0
            pp=[p1,p2,p3,p3];
            ma3dface(1,pp);
        else
            pp=[p1,p2,p3,p4];
                ma3dface(1,pp);
        end
      end
      if dt(2)==1
        pm=(p1+p2+p3)/3;
        ht=pm(3)/kt;
        mastext(11,pm(1),pm(2),0,ht,ch);
      end
    end % end of PLATE


  macldwg;
  fclose all
fprintf('\n Ok,%s 文件已经形成。\n',fo);
t2=round(clock);
et=etime(t2,t1);
fprintf('\n 本次运行时间为%g(s)。\n',et);
```

h2z.lsp 程序的源代码如下：

```
;本程序 h2z.lsp 的功能：获取文字高度中的 Z 坐标信息，并修改其 Z 坐标及文字高度。
(defun c:h2z ()

(setq ht (getreal"\nEnter new text height[0.005]:"))
  (if (=ht nil)
    (setq ht 0.005))

(setq k (getdist "\nEnter k=z/h[1e3]:"))
  (if (=k nil)
  (setq k 1e3))

  (setq index 0)
  (setq ss (ssget (list (cons 0 "text") )))

(repeat (sslength ss)
  (setq en (ssname ss index))
  (setq el (entget en)
  index (1+index)
```

```
  )
  (progn
  (setq p (cdr (assoc 10 el)))
  (setq x (car p))
  (setq y (cadr p))
  (setq txh (cdr (assoc 40 el)))
  (setq z (*txh  k));Z坐标隐含在字高上
  (setq pt (list x y z))
  (setq el (subst (cons 10 pt) (assoc 10 el) el))
  (setq el (subst (cons 40 ht) (assoc 40 el) el))
  (entmod el)
 );end of progn
 );end of re
(princ)
);end of defun
```

3）mgt2dwg.m 程序的应用实例

对前文已述的澳门某国际会议中心屋顶，在设计分析后，委托方要求提供节点坐标、杆件材料与截面等电子文件。设计方则通过 mgt2dwg.m 及 h2z.lsp 的程序将设计表达成 AutoCAD 杆件三维线框图及材料、截面等文字，如图 6.2-1、图 6.2-2 所示，既可满足委托方的要求，也可避免直接提供 MIDAS Gen 分析模型，起到一定的保护知识产权的作用。

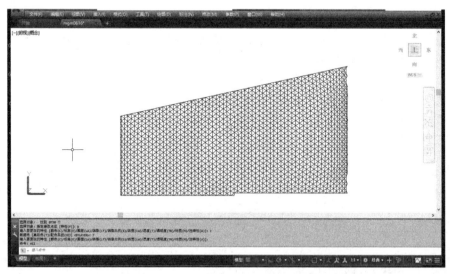

图 6.2-1　AutoCAD 中具有截面材料信息的几何模型图

6.2.2　MIDAS Gen 几何模型转成 AutoCAD 的 SCR 文件

mgt2scr.m 程序编制的技术要点如下。

1）采用 MATLAB 内部函数 load（filename，variables），从 MGT 变量外存文件中读

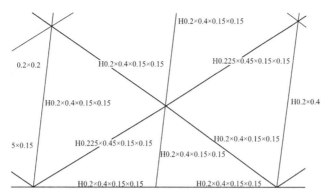

图 6.2-2 具有截面材料信息的局部几何模型图（软件截图）

入节点、桁架单元、梁单元、壳单元、材料、截面及厚度等数据。

2）对桁架单元、梁单元、壳单元、材料、截面及厚度等，设置不同的图层，以便后续操作。

3）根据节点编号及单元的材料、截面和厚度等的编号，采用 MATLAB 内部函数 find（X，k），求得对应的序号及相应的数据。

4）利用 SCR 接口函数，运行后形成相应的图形与文字。

mgt2scr.m 程序的源代码如下：

```
%本程序 mgt2scr.m 的功能:将 MIDAS Gen 结构模型(仅含 truss、beam 及 shell
%单元)MGT 文件的数据转化为 AutoCAD 中 scr 文件的数据。


%初始化
  echo off all
  clear all


  %%%%%%%%%%%%%%%%%%%%%%%%%%%%%%%%%%%%%%%%%%%%%%%%%%%%%%%%%
  fi=input('请输入 MGT 变量存贮文件名[d:\\tt\\t2.mat]: ','s')
  if size(fi)==[0 0];fi='d:\tt\t2.mat';end;


  fid=fopen(fi,'r');
      if fid==-1
        fprintf('程序退出,相关路径无法读取此文件: %s\n',fi);
        return;
      end
  fclose(fid);
  load(fi,'ne','tr','be','sh','ma','se','th');
  fo=input('请输入 SCR 的文件名[t2.scr]: ','s');
  if size(fo)==[0 0];fo='t2.scr';end;
  fod=fopen(fo,'w');

  dt=input('图形与文字(材料与截面)的需求信息(均需求:[1,1];…
```

```
        仅需求图形:[1,0];仅需求文字:[0,1])[1,1]:');
if size(dt)==[0 0];dt=[1,1];end;

if dt(2)==1
  ht=input('文字高度[0.005]:');
  if size(ht)==[0 0];ht=0.005;end;
end
%%%%%%%%%%%%%%%%%%%%%%%%%%
fprintf('请稍候...! \n');
t1=round(clock);%记录起始时间
NBH=ne(:,1);%其内容为节点的唯一编号
SBH=se(:,1);
MBH=ma(:,1);
TBH=th(:,1);

        si=size(tr);
        nr=si(1);
        for n=1:nr
            %桁架单元数据格式:(n,m,s,n1,n2)。
        ix=find(MBH==tr(n,2),1);
            ch=int2str(ma(ix,2));%材质代号
            ix=find(SBH==tr(n,3),1);
            mode=se(ix,2); %截面代号
            switch mode
                case 1
                    ch1='SB'; %矩形
                case 2
                    ch1='B';    %箱形
                case 3
                    ch1='SR';   %圆形
                case 4
                    ch1='P';    %圆管
                case 5
                    ch1='H';    %H形
                case 6
                    ch1='T';    %T形
                otherwise
                    ch1='SB';
            end

        ch=[ch,'-',ch1];
        ch1=num2str1(se(ix,3:end),'x'); %截面参数。
```

268

```
        ch=[ch,ch1];
            %由第一节点号 tr(n,4),求其坐标。
        ix=find(NBH==tr(n,4),1);
         if length(ix)==0
fprintf('编号为%d的梁柱单元无对应的节点编号,请检查! \n',tr(n,1));
         continue;
        end
        p1=ne(ix,2:4);
        %由第二节点号 tr(n,5),求其坐标。
      ix=find(NBH==tr(n,5),1);
        if length(ix)==0
fprintf('编号为%d的梁柱单元无对应的节点编号,请检查! \n',tr(n,1));
        continue;
        end
      p2=ne(ix,2:4);

if dt(1)==1
  pp=[p1;p2];
  aline(fod,'0',0,pp);
end
if dt(2)==1
  pm=(p1+p2)/2;
  atext(fod,'10',pm,ht,0,ch);%atext(fod,la,p3,h,ang,str)
  end
end % end of truss


si=size(be);
nr=si(1);
for n=1:nr
    %梁柱单元数据格式:(n,m,s,n1,n2,ang)
  ix=find(MBH==be(n,2),1);
    ch=int2str(ma(ix,2));%材质代号
    ix=find(SBH==be(n,3),1);
    mode=se(ix,2); %截面代号
    switch mode
        case 1
            ch1='SB';   %矩形
        case 2
            ch1='B';    %箱形
        case 3
            ch1='SR';   %圆形
        case 4
```

```
                ch1='P';      %圆管
            case 5
                ch1='H';      %H形
            case 6
                ch1='T';      %T形
            otherwise
                ch1='SB';
        end

        ch=[ch,'-',ch1];
        ch1=num2str1(se(ix,3:end),'x');   %截面参数。
        ch=[ch,ch1];
        %由第一节点号 be(n,4) 求其坐标。
        ix=find(NBH==be(n,4),1);
        if length(ix)==0
fprintf('编号为%d的梁柱单元无对应的节点编号,请检查! \n',be(n,1));
        continue;
        end
        p1=ne(ix,2:4);
        %由第二节点号 be(n,5),求其坐标。
        ix=find(NBH==be(n,5),1);
        if length(ix)==0
fprintf('编号为%d的梁柱单元无对应的节点编号,请检查! \n',be(n,1));
        continue;
        end
        p2=ne(ix,2:4);

    if dt(1)==1
        pp=[p1;p2];
        aline(fod,'0',0,pp);
    end
    if dt(2)==1
        pm=(p1+p2)/2;
        atext(fod,'10',pm,ht,0,ch);%atext(fod,la,p3,h,ang,str)
    end
end %beam

    si=size(sh);
    nr=si(1);
    for n=1:nr
    %板壳单元数据格式:(n,m,s,n1,n2,n3,n4)
    ix=find(MBH==sh(n,2),1);
```

```
            ch=int2str(ma(ix,2));%材质代号
            ch=[ch,'-'];
            ix=find(TBH==sh(n,3),1);
            ch1=num2str(th(ix,2)); %厚度参数。
            ch=[ch,ch1];

            ix=find(NBH==sh(n,4),1);
             if length(ix)==0
      fprintf('编号为%d的板壳单元无对应的节点编号,请检查! \n',sh(n,1));
             continue;
            end
            p1=ne(ix,2:4);
            %由第二节点号 sh(n,5),求其坐标。
          ix=find(NBH==sh(n,5),1);
             if length(ix)==0
      fprintf('编号为%d的板壳单元无对应的节点编号,请检查! \n',sh(n,1));
             continue;
            end
          p2=ne(ix,2:4);
            %由第二节点号 sh(n,6),求其坐标。
          ix=find(NBH==sh(n,6),1);
             if length(ix)==0
      fprintf('编号为%d的板壳单元无对应的节点编号,请检查! \n',sh(n,1));
             continue;
            end
          p3=ne(ix,2:4);
          if sh(n,7) ~=0
          ix= find(NBH==sh(n,7),1);
            if length(ix)==0
      fprintf('编号为%d的板壳单元无对应的节点编号,请检查! \n',sh(n,1));
            continue;
          end
            p4=ne(ix,2:4);
        end


if dt(1)==1
  if sh(n,7)==0
        pp=[p1;p2;p3;p3];
        a3dface(fod,'1',pp);
    else
        pp=[p1;p2;p3;p4];
        a3dface(fod,'1',pp);
```

```
      end
    end
    if dt(2)==1
      pm=(p1+p2+p3)/3;
      atext(fod,'11',pm,ht,0,ch);%atext(fod,la,p3,h,ang,str)
    end
  end % end of PLATE
fclose all;
fprintf('\n Ok,%s 文件已经形成。\n',fo);
t2=round(clock);
et=etime(t2,t1);
fprintf('\n 本次运行时间为%g(s)。\n',et);
```

6.3 ABAQUS 分析模型转成 MIDAS Gen 分析模型

MIDAS Gen 支持壳元和实体元，并可做多工况分析及构件设计，但 MIDAS Gen 难以进行复杂的网格划分。针对此问题，可借助 ABAUQS 的强大网格自动划分功能进行处理，然后通过程序 inp2mgt.m 将网格划分的结果导入 MIDAS Gen 中。具体处理步骤如下：

1) 在 AutoCAD 中，将结构做成实体（3dsolid）或曲面（surface），如图 6.3-1 所示。

2) 对实体（3dsolid），将其输出为 ∗.sat 文件；对线和面，则将其输出为 ∗.igs 文件。

3) 在 ABAQUS 中，调入 ∗.sat 文件或 ∗.igs 文件后，进行自动网格划分，如图 6.3-2 所示。

4) 再用程序将 ∗.inp 文件转化为 ∗.mgt 文件，调入到 MIDAS Gen 中，如图 6.3-3 所示。

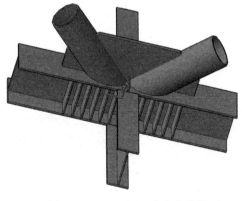

图 6.3-1　AutoCAD 节点实体模型

采用壳元分析无梁底板内力时，需要按承台形状来控制节点的位置，此时可在承台边线处建立底板面外的曲面，并采用 ABAQUS 复杂曲面网格划分技术形成网格，如图 6.3-4 所示。然后将其转到 MIDAS Gen 中，如图 6.3-5 所示，并将底板面外的网格删除，即可得到所要的网格模型。

inp2mgt.m 程序编制的技术要点如下：

1) 读取 MGT 文件数据一行后，对其字符串作规范化处理，如消除前后空格、略去注释行等。

2) 通过搜索关键词，判断是否进入相应的数据块。若是，则获取相应的数据。

3) 根据 MIDAS Gen 节点、单元等数据的格式，形成相应的数据。

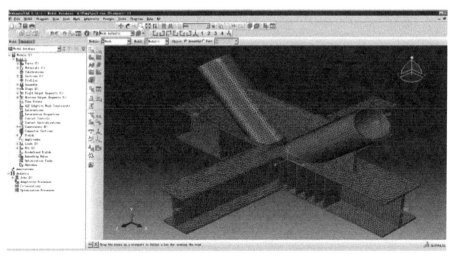

图 6.3-2　ABAQUS 自动划分网格结果

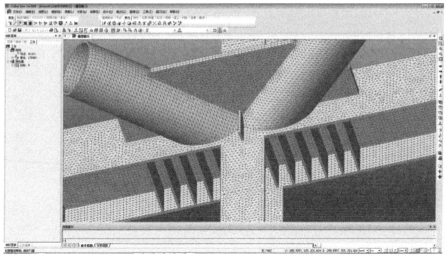

图 6.3-3　MIDAS Gen 中导入的网格划分结果

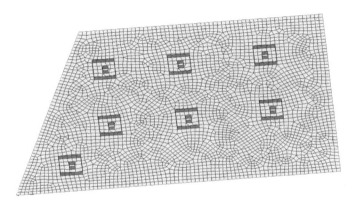

图 6.3-4　ABAQUS 中带面外网格的无梁底板模型

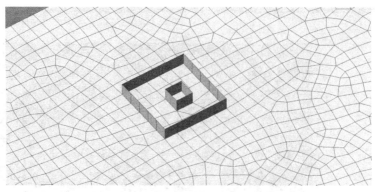

图 6.3-5　MIDAS Gen 中带面外网格的无梁底板局部模型

inp2mgt.m 程序的源代码如下：

```
% 本程序 inp2mgt.m 的功能:将 ABAQUS 中 INP 本体文件数据(仅含梁、壳及实体单元)
% 转化为 MIDAS Gen 中 MGT 文件的数据。
% 初始化
    echo off all
    clear all
    xp=0;
    mark_node=0;
    mark_element=0;
    type=0;

fi=input('请输入 INP 的文件名:[d:\\tt\\sc.inp] ','s')
if size(fi)==[0 0];fi='d:\tt\sc.inp';end;
fid=fopen(fi,'r');
  if fid==-1
      fprintf('程序退出,相关路径无法读取此文件:%s\n',fi);
      return
  end

  fo=input('请输入 MGT 的文件名:[d:\\tt\\sc.mgt] ','s')
if size(fo)==[0 0];fo='d:\tt\sc.mgt';end;
fod=fopen(fo,'w');
  if fid==-1
      fprintf('程序退出,相关路径无法建立此文件:%s\n',fo);
      return
  end

 np=input('转换第几个部件(part)[1]?')
if size(np)==[0 0];np=1;end;
  sc=input('几何尺寸缩放比例[1]?') ;
if size(sc)==[0 0];sc=1;end;
```

```
fprintf('请稍候...! \n');
  t1=round(clock);%记录起始时间
%%%%%%%%%%%%%%%%%%%%%%%%%%%%
while 1
    LINE=fgetl(fid);
    %%%%%  预处理  %%%%%%%%%%%%%%%%
    if LINE<0  % 到文件尾,跳出循环!
        break;
    end;
    if  length(findstr(LINE,'*End Part'))>0
        break;
    end
    LINE=strtrim(LINE);%删去前面的空格

    if length(LINE)==0 %略去空行
        continue;   %再读下一行
    end
    a=findstr(LINE,'**');
    if length(a)>0
      if a(1)==1   % 略去以**为首字符标志的注释行
        continue   %再读下一行
      end
    end
    %%%%%%%  主处理  %%%%%%%%%
    if findstr(LINE,'*Part')==1
        xp=xp+1;
    end
    if xp==np % 指定的第几个部件
        if findstr(LINE,'*Node')==1
        fprintf(fod,'*NODE\n');
          mark_node=1;
          continue;   %再读下一行
        elseifmark_node==1 & length(findstr(LINE,'*'))>0
          mark_node=0;
        end
        if findstr(LINE,'*Element')==1
            fprintf(fod,'*ELEMENT\n');
            mark_node=0;
        if length(findstr(LINE,'type=B31'))==1
            type=1;
        end
        if length(findstr(LINE,'type=S3R'))==1
```

```
        type=2. 3;
    end
    if length(findstr(LINE,'type=S4R'))==1
        type=2. 4;
    end
      if length(findstr(LINE,'type=S3'))==1
        type=2. 3;
      end
    if length(findstr(LINE,'type=S4'))==1
        type=2. 4;
    end
      if length(findstr(LINE,'type=C3D4R'))==1
        type=3. 4;
      end
      if length(findstr(LINE,'type=C3D6R'))==1
        type=3. 6;
      end
      if length(findstr(LINE,'type=C3D8R'))==1
        type=3. 8;
      end
       if length(findstr(LINE,'type=C3D4'))==1
        type=3. 4;
      end
      if length(findstr(LINE,'type=C3D6'))==1
        type=3. 6;
      end
      if length(findstr(LINE,'type=C3D8'))==1
        type=3. 8;
      end
  mark_element=1;
    continue  % 再读下一行
 elseif mark_element==1
   a=findstr(LINE,'*');
   if length(a)>0
     if a(1)==1   % 遇到行首字符为'*'者,则此次读单元数据的操作终止。
       mark_element=0;
     end
    end
  end  % end of element
%%%%%%%%%%%%%%%%%%%%%%%%%%%%%%%%%%%%%%%%%%%%%
  if mark_node==1
    bp=str2num1(LINE);
```

```
fprintf(fod,'%d,%8.4f,%8.4f,%8.4f\n',fix(bp(1)),bp(2)*sc,bp(3)*sc,bp(4)*sc);
        end
      if mark_element==1
        if type==1 %梁单元
          bp=str2num1(LINE);


fprintf(fod,'%d,BEAM,1,1,%d,%d\n',fix(bp(1)),fix(bp(2)),fix(bp(3)));
        end
        if type==2.3 %3点板壳元
        bp=str2num1(LINE);
        fprintf(fod,'%d,PLATE,1,1,%d,%d,%d,0,1\n',fix(bp(1)),fix(bp(2)),…
                    fix(bp(3)),fix(bp(4)));
        end
        if type==2.4%4点板壳元
        bp=str2num1(LINE);
        fprintf(fod,'%d,PLATE,1,1,%d,%d,%d,%d,1\n',fix(bp(1)),fix(bp(2)),…
                    fix(bp(3)),fix(bp(4)),fix(bp(5)));
        end
        if type==3.4  %4节点4面体单元
        bp=str2num1(LINE);
        fprintf(fod,'%d,SOLID,1,0,',fix(bp(1)));
        fprintf(fod,'%d,%d,%d,%d,0,0,0,0\n',fix(bp(2)),…
                    fix(bp(3)),fix(bp(4)),fix(bp(5)));
        end
      if type==3.6  %6节点5面体单元
        bp=str2num1(LINE);
        fprintf(fod,'%d,SOLID,1,0,',fix(bp(1)));
        fprintf(fod,'%d,%d,%d,%d,%d,0,0\n',fix(bp(2)),…
            fix(bp(3)),fix(bp(4)),fix(bp(5)),fix(bp(6)),fix(bp(7)));
        end
        if type==3.8 %8节点6面体单元
        bp=str2num1(LINE);
        fprintf(fod,'%d,SOLID,1,0,',fix(bp(1)));
        fprintf(fod,'%d,%d,%d,%d,%d,%d,%d,% d\n',fix(bp(2)),…
                    fix(bp(3)),fix(bp(4)),fix(bp(5)),fix(bp(6)),…
                    fix(bp(7)),fix(bp(8)),fix(bp(9)));
        end
      end % end of element
    end   % end of np
%%%%%%%%%%%%%%%%%%%%%%%%%%%%%
    t2=round(clock);
  et=fix(etime(t2,t1)*100);
```

```
if et/100>=10 & mod(et,1000)==0
    fprintf('程序已运行% d(s)！\n',et/100);%输出运行时间信息
end
%%%%%%%%%%%%%%%%%%%%%%%%%%%%%%
end % end of while 1
fprintf(fod,'\n');
fprintf(fod,'*ENDDATA\n');


fclose(fid);
fclose(fod);
fprintf('\n Ok,%s 文件已经形成。\n',fo);
t2=round(clock);
et=etime(t2,t1);
fprintf('\n 本次运行时间为%g(s)。\n',et);
%****************************************
```

6.4 AutoCAD 几何模型转成 MIDAS Gen 几何模型

在现有的图形基础上，利用 Autocad 的高级技术（如布尔运算及曲面的网格划分等）及一些用户程序，可在 AutoCAD 中快速建立结构的几何模型。大部分结构仅由梁单元和壳单元组成，在 AutoCAD 中，可用三维直线（LINE）和三维面（3DFACE）来分别表达梁单元和壳单元，然后转成 DXF 文件，再由 MIDAS Gen 直接读入。

例如，前文已述的澳门某国际会议中心屋顶分析模型，即是采用这种方法进行建模。首先，将建筑专业提供的屋顶曲面 Rhino 模型导入 AutoCAD，进行网格化处理后，形成模拟杆件的空间直线及用来导荷的虚面（3dface），如图 6.4-1 所示，转成 DXF 文件后，可导成 MIDAS Gen 的几何模型，如图 6.4-2 所示。

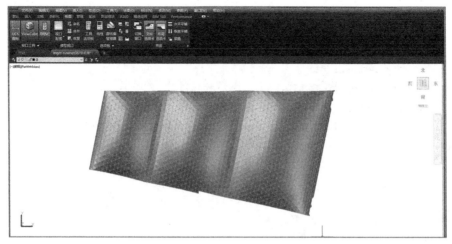

图 6.4-1　AutoCAD 几何模型图

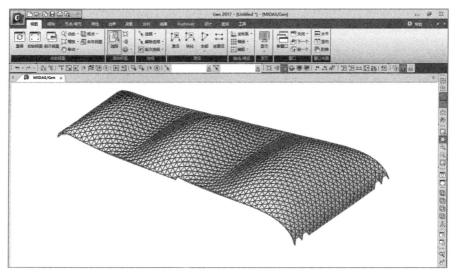

图 6.4-2 MIDAS Gen 几何模型图

参 考 文 献

[1] 李子铮，张超，张跃. AutoLisp 实例教程 ［M］. 北京：机械工业出版社，2004.

[2] 郭秀娟，徐勇，郑馨. AutoCAD 二次开发实用教程 ［M］. 北京：机械工业出版社，2014.

[3] 刘卫国. MATLAB 程序设计与应用（第二版）［M］. 北京：高等教育出版社，2006.

[4] 付文利，刘刚. MATLAB 编程指南 ［M］. 北京：清华大学出版社，2017.

[5] 住房和城乡建设部. 空间网格结构技术规程：JGJ 7—2010 ［S］. 北京：中国建筑工业出版社，2010.

[6] 住房和城乡建设部，国家质量监督检验检疫总局. 钢结构设计标准：GB 50017—2017 ［S］. 北京：中国建筑工业出版社，2017.

[7] 庄茁，张帆，岑松，等. ABAQUS 非线性有限元分析与实例 ［M］. 北京：科学出版社，2005.

[8] 威尔逊. 结构静力与动力分析 ［M］. 北京金土木技术有限公司，中国建筑标准设计研究院，译. 北京：中国建筑工业出版社，2006.

[9] 诺尔·泽克. 工程力学手册 ［M］. 杜庆华，主编. 北京：高等教育出版社，1997.

[10] 住房和城乡建设部. 混凝土结构设计规范：GB 50010—2010（2015 年版）［S］. 北京：中国建筑出版社，2015.

[11] 住房和城乡建设部. 高层建筑混凝土结构技术规程：JGJ 2—2010 ［S］. 北京：中国建筑出版社，2010.

[12] 欧阳鬯，马文华. 弹性、塑性、有限元 ［M］. 长沙：湖南科学技术出版社，1983.

[13] 北京迈达斯技术有限公司. Midas Civil 2010 分析设计原理，2010.

[14] 张岩，吴水根. MATLAB 优化算法 ［M］. 北京：清华大学出版社，2018.

[15] 李爱群. 工程结构减振控制 ［M］. 北京：机械工程出版社，2007.

[16] 浙江大学. 概率论与数理统计 ［M］. 北京：人民教育出版社，1979.

[17] 中国矿业学院. 数学手册 ［M］. 北京：科学出版社，1980.

[18] 高洪波，宋东升，黄宇立. 基于 AR 模型的脉动风速时程模拟 ［J］. 山西建筑，2015，41（27）：33-35.

[19] 张剑. 弹塑性动力时程分析若干问题的分析与探讨 ［J］. 工程抗震与加固改造，2011，33（05）：74-79.

[20] 张剑. AutoCAD 与 ANSYS 接口设计 ［J］. 力学季刊，2005（02）：257-262.

[21] 张剑，刘畅，檀传江，等. 连通式钢管混凝土柱与钢筋混凝土梁刚性节点设计及有限元分析 ［J］. 建筑结构，2011，41（S1）：1088-1092.